AF596041

LA PETITE

ARITHMÉTIQUE ENSEIGNÉE

PAR

M. CHARLES SABATÉ
Chef d'institution.

PRÉPARATION AU COURS DE PREMIÈRE ANNÉE.

PARTIE DE L'ÉLÈVE.

PARIS
LAROUSSE ET BOYER, LIBRAIRES-ÉDITEURS,
RUE SAINT-ANDRÉ-DES-ARTS, N° 49.

1857

Paris. — Typ. de Morris et Comp., rue Amelot, 64.

LA

PETITE ARITHMÉTIQUE

ENSEIGNÉE.

PREMIÈRE LEÇON (1).

NUMÉRATION.

1. — L'*Arithmétique* est la science des nombres.

2. — On forme les nombres en ajoutant toujours *un* à lui-même, de cette manière : un et un, deux; deux et un, trois; et un, quatre, etc., etc... Ainsi les nombres vont à l'infini.

3. — Les nombres se divisent en *trois ordres* principaux qui sont : les *unités*, les *dizaines* et les *centaines*.

4. — Il faut *dix* unités pour faire *une* dizaine et *dix* dizaines pour faire *une* centaine.

5. — Réciproquement *une* centaine vaut *dix* dizaines et *une* dizaine vaut *dix* unités.

6. — Les unités sont :

Un............	que vous écrivez	1
Deux..........	»	2
Trois..........	»	3
Quatre..........	»	4
Cinq..........	»	5
Six............	»	6

(1) Dès la première leçon, l'élève doit être exercé à réciter imperturbablement la table de Multiplication, page 39.

Sept.................................. 7
Huit.................................. 8
Neuf.................................. 9

7. — Les dizaines sont :

Une dizaine ou *dix*,	que vous écrivez	....	10
Deux dizaines ou *vingt*,	»	....	20
Trois dizaines ou *trente*,	»	....	30
Quatre dizaines ou *quarante*,	»	....	40
Cinq dizaines ou *cinquante*,	»	....	50
Six dizaines ou *soixante*,	»	....	60
Sept dizaines ou *soixante-dix*,	»	....	70
Huit dizaines ou *quatre-vingts*,	»	....	80
Neuf dizaines ou *quatre-vingt-dix*,	»	....	90

8. — Les centaines sont :

Cent,	que vous écrivez	....	100
Deux cents,	»	....	200
Trois cents,	»	....	300
Quatre cents,	»	....	400
Cinq cents,	»	....	500
Six cents,	»	....	600
Sept cents,	»	....	700
Huit cents,	»	....	800
Neuf cents,	»	....	900

9. — Pour exprimer les nombres compris entre deux dizaines consécutives, insérez les unités entre ces deux dizaines. Par exemple, pour compter de dix à vingt, dites :

Dix-un	et mieux	*onze*..................	11
Dix-deux	»	*douze*..................	12
Dix-trois	»	*treize*..................	13

Dix-quatre ou *quatorze*.............. 14
Dix-cinq » *quinze*................ 15
Dix-six » *seize*.... 16
dix-sept............. 17
dix-huit............. 18
dix-neuf............. 19
vingt................ 20

En continuant ainsi, de dizaine en dizaine, vous arriverez à *quatre-vingt-dix-neuf*......... 99

Et si vous ajoutez une unité à ce nombre, vous aurez................................. 100

10. — Pour exprimer les nombres compris entre deux centaines, insérez les quatre-vingt-dix-neuf premiers nombres entre ces deux centaines, de cette manière :

Cent un.............................. 101
Cent deux............................ 102
Cent trois........................... 103
Cent quatre.......................... 104

etc., etc.

Cent quatre-vingt-dix-neuf............... 199
Deux cents........................... 200
Deux cent un......................... 201
Deux cent deux....................... 202
Deux cent trois 203
Deux cent quatre...................... 204

etc., etc.

et vous arriverez ainsi jusqu'à *neuf cent quatre-vingt-dix-neuf*......................... 999

11. — Si vous ajoutez une unité à ce nombre, vous

aurez un nouvel ordre qui s'appelle *mille* et qui s'écrit.................................. 1000

L'élève nommera les nombres :

1. De *un* à *cent*, en ajoutant toujours....... *un.*
De *deux* à *cent*, » .... *deux.*
De *un* à *cent un*, » .... *deux.*
De *trois* à *cent deux*, » .... *trois.*
De *quatre* à *cent*, » .... *quatre.*
De *cinq* à *cent*, » .... *cinq.*
De *dix* à *deux cents*, » .... *dix.*
De *vingt* à *quatre cents* » .... *vingt.*
De *vingt-cinq* à *cinq cents*, » .... *vingt-cinq.*
De *cinquante* à *mille*, » .... *cinquante.*

11. De *cent* à *un*, en retranchant toujours .... *un.*
De *cent* à *deux*, » .... *deux.*
De *cent un* à *un*, » .... *deux.*
De *cent deux* à *trois*, » .... *trois.*
De *cent* à *quatre*, » .... *quatre.*
De *cent* à *cinq*, » .... *cinq.*
De *deux cents* à *dix*, » .... *dix.*
De *quatre cents* à *vingt*, » .... *vingt.*
De *cinq cents* à *vingt-cinq*, » .... *vingt-cinq.*
De *mille* à *cinquante*, » .... *cinquante.*

DEUXIÈME LEÇON.

12. — En examinant les nombres écrits en chiffres à la leçon précédente, vous voyez :

1° Qu'il y a dix chiffres, savoir :

1, 2, 3, 4, 5, 6, 7, 8, 9, 0.

Signifiant :

Un, deux, trois, quatre, cinq, six, sept, huit, neuf, zéro.

2° Que pour représenter un nombre qui ne contient que des unités, il faut *un* chiffre; pour représenter un nombre qui contient des dizaines, il faut *deux* chiffres; pour représenter un nombre qui contient des centaines il faut *trois* chiffres.

3° Que les unités occupent le premier rang à droite; les dizaines le second rang, et les centaines le troisième.

4° Que le zéro sert à remplacer les ordres manquant dans le nombre.

DONC :

13. — Tout chiffre seul ou placé au premier rang à droite, représente des unités; au second rang, il représente des dizaines; au troisième rang, des centaines. Ainsi :

8

Signifie *huit unités*;

24

signifie *deux dizaines*, *quatre unités*, ou *vingt-quatre unités*;

356

signifie *trois centaines, cinq dizaines, six unités*, ou *trois cent cinquante-six unités*;

60

signifie *six dizaines, zéro unité*, ou *soixante unités*;

407

signifie *quatre centaines*, *zéro dizaine sept unités*, ou *quatre cent sept unités*;

NOTA. — On lit les nombres en commençant par la gauche, c'est-à-dire par les plus fortes unités.

14. — On peut écrire autant de zéros qu'on voudra à la gauche d'un nombre sans changer la valeur de ce nombre.

Ainsi............... 4.......36..........127
sont la même chose que 04....00036....000000127.

I. *L'élève énoncera les nombres suivants :*

7... 38... 66... 76... 82... 92...275...165...188... 672...895...951...006...054...100...206...001...010... 017...072...009...094...502...830...274...508...360... 400...907...696...704...002...021...534...403...208... 074...003...099...378...511.

II. *L'élève écrira les nombres suivants avec les chiffres absolument nécessaires.*

Quinze... trois... cinquante-deux... soixante-quinze... cent neuf... deux cent quarante... quatre-vingt-huit... quatre-vingt-dix-huit... six cent trente-quatre... huit cents... cinq cent soixante-sept... cinq cent soixante-onze... neuf cent quatre-vingt-dix... trois cent quatorze... soixante-seize... soixante-huit... cent dix... six cent neuf... cent cinquante-quatre... cinq cent treize.

III. *L'élève écrira chacun des nombres suivants avec* trois *chiffres.*

Deux... soixante-quatre... cent douze... trois cent six... cinq cents... neuf... vingt... quatre-vingt-dix-sept... soixante-quinze... quatre-vingt-sept... soixante-cinq... dix... quarante-deux... un... cent soixante-seize... six cent quatre-vingt-quatorze... cent dix... huit cent cinquante... trente-cinq... cinq cent deux... sept cent onze... quatorze... vingt-deux... zéro...

TROISIÈME LEÇON.

15. — Les unités, les dizaines et les centaines forment ce qu'on appelle le groupe ou la *classe des unités sim-*

ples. Il y a encore d'autres classes, savoir, en allant du moins au plus : les *mille,* les *millions* et les *billions,* qui ont aussi, chacune, des unités, des dizaines et des centaines, et qui s'énoncent d'après les mêmes règles que les unités simples. Si donc on nous propose de lire le nombre suivant :

432084706

Nous formerons, de droite à gauche, des tranches de trois chiffres, que nous séparerons l'une de l'autre au moyen d'une virgule, de cette manière :

432,084,706

La première tranche à droite représente les unités simples; la seconde tranche représente les mille, et la troisième tranche, les millions.

Et nous dirons (1):

Quatre cent trente-deux *millions,* quatre-vingt-quatre *mille,* sept cent six *unités.*

De même, le nombre 47206023, ainsi divisé :

47,206,023

s'énoncera : quarante-sept millions, deux cent six mille, vingt-trois unités.

Et 3007000530, ainsi divisé;

3,007,000,530

s'énoncera : trois billions, sept millions, cinq cent trente unités.

NOTA. — La dernière tranche peut n'avoir qu'un ou deux chiffres.

16. — Ainsi, pour énoncer aisément un nombre quel-

(1) § 13, nota.

conque, partagez-le en tranches de trois chiffres, de droite à gauche, en prononçant le nom de la classe d'unités de chaque tranche (unités, mille, millions, billions); puis, reprenant par la gauche, énoncez successivement chaque tranche, comme si elle était seule, en y ajoutant le nom de la classe d'unités qui lui correspond. Si quelque tranche est composée uniquement de zéros, omettez-la.

17. — Vous voyez maintenant :

1° Que les différentes espèces d'unités sont, en allant du *moins* au *plus*, et de *droite* à *gauche* dans les nombres écrits :

1re CLASSE UNITÉS SIMPLES.	Unités..........	1er ordre et	1er chiffre à droite
	Dizaines..........	2e ordre et	2e chiffre —
	Centaines.........	3e ordre et	3e chiffre —
2e CLASSE MILLE.	Mille.............	4e ordre et	4e chiffre —
	Dizaines de mille..	5e ordre et	5e chiffre —
	Centaines de mille..	6e ordre et	6e chiffre —
3e CLASSE MILLIONS.	Millions..........	7e ordre et	7e chiffre —
	Dizaines de millions	8e ordre et	8e chiffre —
	Centaines de millions	9e ordre et	9e chiffre —
4e CLASSE BILLIONS.	Billions...........	10e ordre et	10e chiffre —
	Dizaines de billions.	11e ordre et	11e chiffre —
	Centaines de billions	12e ordre et	12e chiffre —

2° Qu'*une* unité d'un ordre quelconque vaut *dix* unités de l'ordre immédiatement inférieur, et, réciproquement, qu'il faut *dix* unités d'un ordre quelconque pour *une* unité de l'ordre immédiatement supérieur.

L'élève remplacera chaque tiret par les mots convenables.

1° Les — sont les unités du 4e ordre; les — du 10e; les — du 5e; les — du 12e; les — du 1er; les — du 9e; les — du 2e; les — du 11e; les — du 3e; les — du 6e; les — du 8e; les — du 7e.

2° Les unités simples sont les unités du — ordre; les centaines de mille, du —; les centaines, du —; les dizaines de billions, du —; les centaines de millions, du —; les dizaines, du —; les billions, du —; les millions, du —; les centaines de billions, du —; les mille, du —; les dizaines de millions, du —; les dizaines de mille, du —.

3° Un million vaut dix —; une centaine de mille vaut —; une dizaine de billions vaut —; une centaine vaut —; une centaine de millions vaut —; un mille vaut —; une dizaine de millions vaut —; une centaine de billions vaut —; une dizaine vaut —; une dizaine de mille vaut —; un billion vaut —.

4° Dix millions valent une —; dix centaines de mille valent —; dix dizaines de billions valent —: dix centaines valent —; dix centaines de millions valent —; dix mille valent —; dix dizaines de millions valent —; dix dizaines valent —; dix billions valent —; dix unités valent —; dix dizaines de mille valent —.

L'élève énoncera les nombres suivants :

32004.... 160053.... 4726870.... 48000219.... 532042006.... 4302546000... 17000000... 4314... 87135689041... 730000452062. 1026735046... 346892... 57032060042... 7305126... 9470136... 475365000.... 92000163078.... 410326800426 ... 5162000.... 400000062...

QUATRIÈME LEÇON.

L'élève remplacera chaque tiret par les mots convenables.

1° Le 4e chiffre d'un nombre, en comptant de droite à gauche, représente des —; le 7e chiffre, des —; le 12e chiffre, des —; le 5e chiffre, des —; le 2e chiffre, des —; le 10e chiffre, des —; le 3e chiffre, des —; le 1er chiffre, des —; le 6e chiffre, des —; le 9e chiffre, des —; le 11e chiffre, des —; le 8e chiffre, des —.

2° Pour représenter des mille, il faut — chiffres; pour des centaines de billions, — chiffres; pour des dizaines, — chiffres; pour des dizaines de millions, — chiffres; pour des centaines de mille, — chiffres; pour des billions, — chiffres; pour des unités,

— chiffres ; pour des dizaines de billions, — chiffres ; pour millions, — chiffres; pour des centaines, — chiffres; pour des dizaines de mille, — chiffres ; pour des centaines de millions, — chiffres.

L'élève écrira en lettres les nombres suivants :

3603... 46702... 504000... 2040102... 75178293... 627000653... 245036273... 407002... 3523268004... 8000000... 56000000... 4375200... 53075390472... 6000... 60000... 600000... 6000000... 60000000. 600000000. 6000000000. 60000000000. 600000000000.

CINQUIÈME LEÇON.

18. — Pour représenter aisément par des chiffres un nombre quelconque, écrivez sur le tableau, de gauche à droite, les mots *billions, millions, mille, unités;* puis écrivez, *sous leur mot,* les nombres indiquant les diverses classes d'unités, en ayant soin d'employer trois chiffres pour chaque classe, et de mettre trois zéros pour chacune des classes qui, inférieures à la première, ne seraient pas énoncées. Cependant la première classe énoncée sera représentée avec les chiffres absolument nécessaires.

Soit à écrire les nombres suivants :

1° Sept billions, quarante-trois millions, cent vingt-cinq mille, douze unités.

2° Douze billions, quinze mille, sept unités.

3° Trois cent six millions, deux cent quinze mille.

4° Quarante-deux millions, six cent vingt mille, quatre cent trente-neuf unités.

Nous aurons :

	Billions.	Millions.	Mille.	Unités.
1°....................	7	043	125	012
2°....................	12	000	015	007
3°....................		306	215	000
4°....................		42	620	439

L'élève représentera par des chiffres les nombres suivants :

1. Soixante-huit millions, trois cent dix mille, neuf unités.

2. Quatre billions, cent cinquante-trois mille, deux cent quatre-vingt-seize unités.

3. Cinquante-six millions.

4. Soixante-douze mille, huit cent quatre unités.

5. Quatre cent vingt-cinq millions, six mille, deux unités.

6. Neuf cent mille, quarante-huit unités.

7. Deux cent quinze millions, cinquante-huit mille, deux cent quatre-vingt-dix unités.

8. Quarante-deux mille, trois cent dix-sept unités.

9. Cinquante billions, douze millions, trois mille, soixante et onze unités.

10. Quatre millions, cent soixante-trois mille, deux cent trente-quatre unités.

11. Un billion, six cent millions.

12. Soixante-quatre millions, treize unités.

13. Trois millions, huit mille, cent six unités.

14. Deux cent deux mille, trente-six unités.

15. Sept millions, cent treize mille, deux cent cinq unités.

SIXIÈME LEÇON.

DÉCIMALES.

19. — Les *décimales* sont une ou plusieurs parties d'une unité simple divisée en parties égales de dix en dix fois plus petites.

Elles s'écrivent à la droite des unités simples, dont on les sépare par une virgule ; et, s'il n'y a pas d'unités, on écrit un zéro pour en tenir lieu.

EXEMPLES.

34,275 .... 325,2356 .... 0,92 .... 0,0364.

20. — Les décimales sont du *plus* au *moins*, et en allant de *gauche* à *droite*, dans les nombres écrits :

Dixièmes	1er ordre et 1er chiffre,	après la virgule.
Centièmes.....	2e ordre et 2e chiffre,	»
Millièmes.....	3e ordre et 3e chiffre,	»
Dix-millièmes..	4e ordre et 4e chiffre,	»
Cent-millièmes.	5e ordre et 5e chiffre,	»
Millionièmes...	6e ordre et 6e chiffre,	»

Et ainsi de suite.

L'élève remplacera chaque tiret par les mots convenables.

1° Les — sont les décimales du 6e ordre; les —, du 4e; les —, du 1er; les —, du 3e; les —, du 5e; les —, du 2e.

2° Les millièmes sont les décimales du — ordre; les dixièmes, celles du —; les millionièmes, celles du —; les dix-millièmes, celles du —; les centièmes, celles du —; les cent-millièmes, celles du —.

3° Le quatrième chiffre d'un nombre décimal, en comptant de gauche à droite après la virgule, représente des —; le sixième représente des —, le second représente des —; le cinquième représente des —; le premier représente des —; le troisième représente des —.

4° Pour représenter des millièmes, il faut — chiffres après la virgule; pour des cent-millièmes, il en faut —; pour des centièmes, il en faut —; pour des dixièmes, il en faut —; pour des millionièmes, il en faut —; pour des dix-millièmes, il en faut —.

5° Le dernier chiffre à droite du nombre 34,18 représente des —; du nombre 5,34763 des —; du nombre 714,004 des —; du nombre 0,123456 des —; du nombre 3,2526 des —; du nombre 45,6 des —.

6° Un millième vaut dix —; un cent-millième vaut —; un

dixième vaut —; un dix-millième vaut —; un centième vaut —; une unité vaut —.

7° Dix-millièmes valent un —; dix cent-millièmes valent —; dix millionièmes valent —; dix dix-millièmes valent —; dix centièmes valent —; dix dixièmes valent —.

SEPTIEME LEÇON.

21. — Pour énoncer un nombre décimal quelconque, énoncez-le comme si c'était un nombre ordinaire, en lui donnant toutefois la dénomination qui convient au dernier chiffre à droite. Bien entendu que si le nombre décimal est joint à un nombre entier, vous énoncerez celui-ci séparément et le premier. Ainsi le nombre

43,278

dont le dernier chiffre, 8, représente des millièmes, s'énoncera :

43 unités ou entiers, 278 millièmes.

2,00375

dont le dernier chiffre, 5, représente des cent millièmes, s'énoncera :

2 entiers, 375 cent-millièmes.

0,006342

dont le dernier chiffre, 2, représente des millionièmes s'énoncera :

6342 millionièmes.

22. — Lorsque la partie entière d'un nombre représente des *francs*, les dixièmes s'appellent *décimes*, et les centièmes, *centimes*. Ainsi 34 fr. 25 s'énonce 34 francs 25 centimes; 18 f. 4 s'énonce 18 francs 4 décimes, et 3 f. 352 s'énonce 3 francs 352 millièmes.

23. — Lorsque la partie entière d'un nombre représente des *mètres*, les dixièmes s'appellent *décimètres*; les centièmes, *centimètres*, et les millièmes, *millimètres*. Ainsi 56^m, 175 s'énonce 56 mètres 175 millimètres; 0^m, 4735 s'énonce 4 mille 735 dix-millimètres; 4^m, 07 s'énonce 4 mètres 7 centimètres.

24. — Lorsque la partie entière d'un nombre représente des *kilogrammes*, les dixièmes s'appellent *hectogrammes*, les centièmes, *décagrammes*, et les millièmes, *grammes*. Ainsi 256 k. 4 s'énonce 256 kilogrammes, 4 hectogrammes, et 8 k. 025 s'énonce 8 kilogrammes, 25 grammes.

L'élève énoncera les nombres suivants :

6724,264	3752^f92 (1)	127^m046 (1)	3670^k745 (1)
52,3543	403,3	9,77	48,03
8,2	53,326	5,03	76,2
253 06245	256,06	0,6	6,791
34,0023	37,025	16,008	37,006
0,004263	548,30	39,7352	0,44
0,0072	0,05	4,096	19,504
0,04	0,356	0,74	1,43
0,275	0,9	15,35	394,062
0,50206	10,62	0,4267	75,300

HUITIÈME LEÇON.

25. — Pour écrire un nombre décimal énoncé, écrivez-le comme si c'était un nombre entier, en plaçant la

(1) f. désigne des francs; m. des mètres; k. des kilogrammes.

virgule de manière que le dernier chiffre à droite soit au rang qui convient à l'unité décimale énoncée. Bien entendu, toujours, que si le nombre décimal est joint à un nombre entier, vous écrirez celui-ci avant la virgule, et que, s'il n'y a pas de nombre entier, vous mettrez un zéro aussi, avant la virgule, pour en tenir la place.

Soit à écrire :

1° *Quarante-cinq entiers, trois cent vingt-huit millioniémes.* J'écris d'abord les entiers et la virgule : 45; puis j'écris 328 ; mais, comme le dernier chiffre 8 doit représenter des millionièmes, et, par conséquent, occuper le 6e rang à droite, je mets trois zéros immédiatement après la virgule, et j'ai : 45,000328

2° *Quatre centièmes.* J'écris d'abord 0, pour tenir lieu des entiers et la virgule : 0; puis j'écris 4; mais comme ce chiffre doit représenter des centièmes, et, par conséquent, occuper le 2e rang à droite, je mets un zéro après la virgule, et j'ai : 0,04

De même :

Six entiers, trois cent vingt-cinq millièmes, s'écrivent.................................. 6,325

Quatre-vingts kilogrammes, trente-deux grammes.............................. 80k 032

Six cent huit francs trois centimes........ 608f 03

Vingt-deux millimètres.................. 0m 022

L'élève écrira en chiffres les nombres suivants :

1. Trois entiers, douze dix-millièmes.
Cinq cent quarante-huit millièmes.
Vingt-quatre entiers, six centièmes.

Huit mille vingt-cinq millionièmes.
Quinze entiers, trois dixièmes.
Soixante-quinze millièmes.
Trois cent quarante-deux cent-millionièmes.
Seize entiers, neuf millièmes.
Treize mille cent deux cent-millièmes.
Quatorze centièmes.
Cent trente-huit entiers, seize millièmes.
Trois cent vingt mille soixante-trois millionièmes

2. Quinze francs, cent trente-trois millièmes.
Huit francs, quatorze centimes.
Neuf francs, sept décimes.
Cinquante-trois millièmes.
Deux centimes.
Un franc, quatorze centimes.

3. Neuf mètres, quatorze millimètres.
Deux cent vingt mètres, neuf centimètres.
Six mètres, trois décimètres.
Huit cent trente-sept dix-millimètres.
Cent quinze millimètres.
Six cent cinquante mètres, onze centimètres.

4. Quarante-trois kilogrammes, quatre-vingts grammes.
Quatorze kilogrammes, treize décagrammes.
Seize kilogrammes, quatre hectogrammes.
Cent trente grammes.
Cinq décagrammes.
Vingt kilogrammes, douze grammes.

Remarque. On peut écrire ou supprimer autant de zéros que l'on voudra à la droite d'un nombre décimal sans changer la valeur de ce nombre.

Ainsi :

9,45. . . . 3,267. . . . 0,620000. . . . 5,3000. . .
Sont la même chose que :
9,450000. . . . 3,267000000. . . . 0,62. . . . 5,3.

NEUVIÈME LEÇON.

DE L'ADDITION.

26. — Il y a quatre opérations fondamentales en arithmétique : l'*Addition*, la *Soustraction*, la *Multiplication* et la *Division*.

27. — L'*Addition* est une opération par laquelle on réunit en un seul nombre deux ou plusieurs nombres de la même espèce.

Le résultat s'appelle *somme* ou *total*.

28. — On indique une addition au moyen du signe + (*plus*), que l'on place entre les nombres à additionner, de cette manière : 48 + 16, dites 48 plus 16... 15 + 20 + 35, dites 15 plus 20 plus 35.

29. — Pour faire l'addition, écrivez les nombres les uns au-dessous des autres, par colonnes verticales, de manière que les unités soient sous les unités, les dizaines sous les dizaines, etc.; puis soulignez le tout pour le séparer de la somme que vous écrirez au-dessous.

EXEMPLE.

```
7835
 364
3253
  82
   9
 216
————
```

Ensuite additionnez tous les chiffres de la première colonne à droite. Si la somme ne surpasse pas 9, écrivez au-dessous de la colonne le nombre trouvé. Si la somme surpasse 9, c'est-à-dire, si elle doit être exprimée par plus d'un chiffre, écrivez seulement le chiffre des unités, et retenez le nombre formé par les autres chiffres pour l'additionner avec les chiffres de la seconde colonne. Opérez sur celle-ci et sur les suivantes comme sur la première; mais à la dernière colonne, écrivez le résultat tel que vous le trouverez.

Ainsi, si en additionnant les chiffres d'une colonne qui ne serait pas la dernière, nous trouvions 46, nous écririons 6 et nous retiendrions 4, que nous additionnerions avec les chiffres de la colonne suivante; si nous trouvions 60, nous mettrions 0 et nous retiendrions 6; si nous trouvions 102, nous mettrions 2 et nous retiendrions 10; si nous trouvions 145, nous mettrions 5 et nous retiendrions 14.

L'élève répondra aux questions suivantes :

Que feriez-vous si, additionnant les chiffres d'une colonne qui ne serait pas la dernière, vous trouviez :

37 (1).. 50... 9... 18... 100... 127... 206... 91.. 77.. 43... 174... 26... 69... 4... 247... 113... 98... 53... 182... 85... dix... soixante-huit... trois... cent quarante... cent cinq... trente-un... soixante-dix-neuf... quatre-vingt-douze... deux cent deux... cent vingt... treize... cinquante-cinq... cent dix-sept... quatre-vingts... onze... quarante-quatre...

MODÈLE D'ADDITION.

Soit à additionner les nombres 3322... 8418... 9506... 721... 607... 513.

Après avoir écrit les six nombres proposés en colonnes

(1) Je poserais... et je retiendrais...

verticales, et de manière que les unités de même ordre se correspondent, je tire une ligne horizontale sous le dernier, de la manière suivante :

	3322
	8418
	9506
	721
	607
	513
Somme ou total...	23087

Puis, commençant par la première colonne à droite, je dis : 2 et 8 font 10, et 6... 16, et 1... 17, et 7... 24, et 3... 27; je pose 7 au-dessous de la colonne et je retiens 2 pour les reporter à la colonne suivante ;

2 de retenue et 2 font 4, et 1... 5, et 2... 7, et 1... 8 ; je pose 8 et je passe à la colonne suivante;

3 et 4 font 7, et 5... 12, et 7... 19, et 6... 25, et 5... 30 ; je pose 0 et je retiens 3 ;

3 de retenue et 3 font 6, et 8... 14, et 9... 23, que j'écris parce que je suis à la dernière colonne, ou, comme on dit communément, je pose 3 et *j'avance* 2.

Ainsi la somme est 23087.

Nota. — Il ne faut pas tenir compte des zéros en additionnant les chiffres d'une colonne.

30. — L'addition des nombres décimaux se fait comme celle des nombres entiers; seulement n'oubliez pas de mettre une virgule à la somme entre le chiffre des unités et celui des dixièmes.

EXEMPLE :

```
        4275,24
          74,036
         103,5426
        2086,2
          43,523
        2852,03
           9,6243
        ----------
Somme.... 9444,1959
```

31. — Pour faire la preuve de l'addition, refaites la même opération en additionnant les chiffres de bas en haut, et si le résultat de cette opération est le même que celui de la première, il est probable qu'il n'y a pas d'erreur. Exemple :

```
 205803
 ------
  34326
  68047
  25364
   7528
   3495
  67043
 ------
 205803
```

L'élève effectuera les additions suivantes :

1.	2.	3.
327462	943756	6736268
503428	380062	4502123
360795	164358	4567890
432503	265395	1234567
648726	407302	8901234

4.	5.	6.
327^{f} 15	42^{m}76	27^{k}534
126,444	34, 88	12,304
39,57	12, 968	18,62
18,75	6, 52	13,4
20,503	19, 632	46,073
37,09	145, 37	27,34
9,55	2, 68	18,765
6,356	0, 37	9,825

DIXIÈME LEÇON.

L'élève additionnera les nombres suivants

1. 32546... 7460... 46207... 3685... 264... 7206... 46... 57234... 2783...

2. 3456472... 654023... 17645... 42896... 6354... 9423209... 354275...

3. 27,653... 9,25... 14,6... 76,05... 96,314... 0,72... 47,254... 7,203...

4. 264,3... 542,276... 34,24... 65,327... 103,05... 143,278... 54,4738...

5. Cent quarante-huit... quatre cent soixante-douze... quatre-vingt-dix-sept... trois cent cinquante-deux... quarante-six... sept cent trois... vingt... deux cent neuf...

6. Douze unités, seize centièmes... cinq unités, quarante-sept millièmes... trente-deux unités, quarante-quatre centièmes... trente-cinq millièmes... soixante-six centièmes... treize unités, neuf dixièmes... cinq unités, trois millièmes...

ONZIÈME LEÇON.

L'élève additionnera les nombres suivants :

1° 6724... 43622... 545... 1947... 68543... 1268... 7643... 693... 28206...

2° 3684... 263... 7246... 3626... 93526... 964... 5003... 17... 3245...

3° 743... 64,30... 26... 46,37... 9,15... 66,34... 17,65... 0,84... 49...

4° 0,7264... 0,364... 2,7658... 0,57... 0,642... 3224... 0,69... 4,15...

5° Six mille, quarante-trois... deux mille trois cent vingt-deux... huit cent soixante-dix-huit... sept mille cinq cents... deux cent quatre-vingt-quinze... neuf cent cinquante-deux... trois mille quatre... cinq cent trente-sept... dix-neuf mille six cent trois.

6° Trois cent quarante-huit dix-millièmes... deux unités, six cent cinquante-neuf millièmes... sept cent trente-cinq millièmes... sept unités, neuf centièmes... huit dixièmes... trois unités, neuf cent quinze dix-millièmes.

DOUZIÈME LEÇON.

L'élève additionnera les nombres suivants:

1° 982611... 813235... 57676... 1383546... 6205... 47093... 142860... 4256307... 82615... 3522644...

2° 53,642... 15,0036... 2,8... 65,1734... 0,58... 73,426... 5,9367... 24,236... 175,43... 1,8204... 19,72.

3° Sept cent soixante-quinze... cinq mille trois... onze mille deux cent quarante-sept... deux mille sept cent vingt-neuf... cinq cent soixante dix-huit... quatre cent quatre-vingt-douze... deux cent quarante-cinq... deux mille trente-trois... neuf cent cinq.

4° Trente-deux francs, quatorze centimes... dix-neuf francs, dix centimes... six francs, quatre décimes... douze francs... neuf francs, quatre cent huit millièmes... soixante-quatorze centimes... deux francs, treize centimes... trois francs.

5° Dix-huit mètres trente-cinq millimètres... quatre mètres, trente-six centimètres... vingt et un mètres, soixante-huit centimètres... trois cent quarante-neuf millimètres... deux mètres, huit décimètres... quinze centimètres.

6° Cinq kilogrammes, neuf cent quarante-huit grammes... deux kilogrammes, sept décagrammes... trois kilogrammes, cinq hectogrammes... dix kilogrammes, cinquante-six grammes... six kilogrammes... un kilogramme, quatre décagrammes... seize kilogrammes, deux hectogrammes.

TREIZIÈME LEÇON.

USAGES DE L'ADDITION.

32. — On résout par l'addition les problèmes où il s'agit :

1° De réunir en un seul nombre plusieurs nombres donnés;

2° De faire la somme de plusieurs nombres donnés;

3° De savoir combien font en tout plusieurs nombres donnés;

4° D'augmenter un nombre donné d'autres nombres donnés.

En général, on résout un problème par l'addition, toutes les fois que la chose demandée doit valoir autant que toutes les choses données, prises ensemble.

NOTA. — On ne peut pas additionner entre elles des quantités d'espèce différente, à moins qu'on n'applique à la chose demandée une dénomination qui convienne aussi à chacune des choses données, par exemple :

Combien de *fruits* font 12 pêches, 6 poires et 10 pommes ?

PROBLÈMES (1).

1. — Paul a 8 fr., Pierre 12, et Jean 16 : combien ont-ils ensemble ?

RÉPONSE. — Ils ont les 8 fr. de Paul, plus les 12 fr. de Pierre, plus les 16 fr. de Jean, en tout 8 + 12 + 16 = = 36. (Le signe = veut dire égale.)

2. — J'ai acheté 26 fr. de pain, 9 fr. de viande, et 3 fr. de vin : combien ai-je dépensé en tout ?

RÉPONSE. — J'ai dépensé 26 fr. pour le pain, plus 9 fr. pour la viande, plus 3 f. de vin, en tout 26 + 9 + 3 = 38 f.

L'élève indiquera ceux des problèmes suivants qui peuvent être résolus par l'addition des nombres donnés et ceux qui ne peuvent pas l'être ; il expliquera pourquoi ils peuvent ou ne peuvent pas l'être, et il résoudra les premiers.

1. Félix avait 33 fr. 75 ; son père lui a donné 18 fr. : combien a-t-il maintenant ?

2. Félix avait 25 fr. 45 ; il a donné 13 fr. 50 à son frère : combien a t-il maintenant ?

3. Félix avait 56 fr. ; il a acheté un pantalon et une veste qui lui ont coûté 32 fr. : combien a-t-il maintenant ?

4. Félix a acheté un polichinelle pour 3 fr. 70 et une serinette pour 6 fr. 85 : combien a-t-il dépensé ?

5. 9 personnes ont donné 13 fr. chacune à Félix : combien lui ont-elles donné en tout ?

6. Félix a acheté 6 livres pour 18 fr. : combien lui a coûté chaque livre ?

---

(1) Il est très-important d'habituer l'élève à se préoccuper des choses qui constituent le problème et non pas des nombres qui y sont énoncés.

7. Félix travaille 4 heures le matin et 5 heures le soir : combien de temps travaille-t-il chaque jour ?

8. Félix a fait 12 additions et 9 soustractions : combien a-t-il fait d'opérations d'arithmétique ?

QUATORZIÈME LEÇON.

L'élève donnera la solution raisonnée des problèmes suivants :

1. Il y a dans un troupeau 225 brebis, 76 moutons et 192 agneaux : de combien de bêtes ce troupeau est-il composé ?

2. Un négociant a vendu pour 475 fr. 80 de drap, pour 183 fr. 09 de toile, pour 271 fr. de velours, et pour 364 fr. 55 d'autres articles : quelle a été sa recette ?

3. Félix a 38 fr. 75 ; Louis 29 fr. 15 ; Joseph 42 fr., et Dieudonné 46 fr. 35 ; s'ils mettent chacun leur argent dans une même bourse, combien contiendra cette bourse ?

4. Un ouvrier a fait 7^m 72 de toile le lundi, 8^m le mardi, 7^m 40 le mercredi, 6^m 96 le jeudi, 7^m le vendredi, et 8^m 70 le samedi : combien de mètres a-t-il faits dans la semaine ?

5. Des ouvriers ont travaillé dans cinq ateliers ; dans le premier, ils ont fabriqué 260 limes, 865 écrous et 138 serrures ; dans le second, 392 limes et 1,258 écrous ; dans le troisième, 726 écrous et 227 serrures ; dans le quatrième, 267 limes et 164 serrures ; dans le cinquième, 305 limes, 907 écrous et 180 serrures : combien de limes, combien d'écrous, combien de serrures et combien d'objets ont-ils fabriqués en tout ?

6. Joseph a 48 fr. 75 ; Dieudonné 52 fr. et Louis 37 fr. 45 : combien a Félix, s'il a autant que Joseph et Louis, et combien ont-ils tous les quatre ensemble ?

QUINZIÈME LEÇON.

L'élève donnera la solution raisonnée des problèmes suivants :

1. On a chargé une voiture de 450 kilogrammes de farine,

264 de sucre, 83 de café et 112 de chocolat : de combien de kilogrammes est ce chargement?

2. Je suis né en 1824 : quand aurai-je 50 ans ?

3. Combien y a-t-il d'hommes dans un régiment composé de quatre bataillons : le premier a 1,275 hommes; le second 1,006; le troisième 897, et le quatrième 873 ?

4. Un particulier dépense chaque année 1,250 fr. pour son entretien ; il met de côté 525 fr. : quel est son revenu ?

5. Six frères se sont partagé le bien de leur père ; l'aîné a eu 15,000 fr. ; le cadet 12,325 fr.; le troisième 10,875 fr.; le quatrième 11,450 fr.; le cinquième 9,800 fr., et le sixième 9,730 fr. : quelle était la fortune du père ?

6. Une personne née en 1788 se maria à l'âge de 22 ans et mourut 35 ans après son mariage. On demande : 1° l'année de son mariage; 2° l'année de sa mort.

7. Un marchand a vendu 137 mètres de toile pour 318 fr.; 265 mètres d'indienne pour 215 fr., et 46 mètres 75 de drap pour 648 fr. : combien de mètres d'étoffe a-t-il vendus et pour quelle somme ?

8. Une caisse contient 56 kil. 53 de sucre d'une valeur de 98 fr.; 62 kil. 265 de chocolat d'une valeur de 254 fr., et 52 kil. de dragées d'une valeur de 156 fr. : quel est le poids total de cette caisse si, vide, elle pèse 13 kil. 145, et combien valent ensemble les objets qui y sont contenus ?

SEIZIÈME LEÇON.

L'élève donnera la solution raisonnée des problèmes suivants :

1. Soit la ligne, A, C, D, E, F, B.

De A à C, il y a 9,430 mètres ; de C à D, 4,715 ; de D à E, 5,063 ; de E à F, 12,856, et de F à B, 4,982. Quelle distance y a-t-il de A à B ; de C à B ; de D à B ; de C à E, et de C à F ?

2. J'avais 35 fr. 60, j'ai demandé 25 fr. à mon père, mais il ne m'en a donné que 15; Paul m'a payé 7 fr. 85 qu'il me devait, et j'ai vendu 13 fr. un anneau qui m'en avait coûté 16 : combien ai-je en tout ?

3. Un tribunal a jugé dans le premier semestre de l'année, 59 affaires civiles, 112 commerciales, et 234 correctionnelles; dans le second semestre, 33 affaires civiles, 94 commerciales, et 185 correctionnelles : combien d'affaires a-t-il jugées en tout et combien de chaque espèce ?

4. J'ai acheté 8 balles de marchandises, savoir : la 1re et la 2e pour 352 fr. chacune; la 3e pour 840 fr.; la 4e et la 5e pour 425 fr. chacune; la 6e pour 913 fr., et les deux dernières pour 1,150 fr. ensemble : combien m'ont coûté les 8 balles, et combien dois-je les vendre pour gagner 650 fr. ?

5. Dans une ville, il s'est consommé en janvier, 16 bœufs, 5 vaches, 12 veaux, 148 moutons, 52 brebis, 64 agneaux et 48 chevreaux; en février, 7 bœufs, 11 vaches, 8 veaux, 134 moutons, 67 brebis, 53 agneaux et 27 chevreaux; en mars, 14 bœufs, 9 vaches, 16 veaux, 203 moutons, 68 brebis, 75 agneaux et 50 chevreaux. On demande combien il s'est consommé d'animaux de chaque espèce pendant ces trois mois, et combien d'animaux il s'est consommé en tout.

6. Soit A B C D E, un champ :

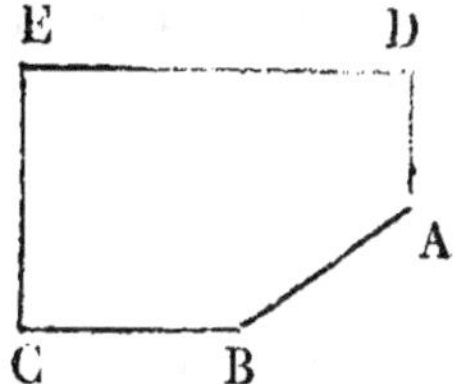

Le côté A B = 92 m 60; le côté B C = 83, 25; le côté C D = 80; le côté DE = 118, 15 et le côté A E = 94, 85. Quel est le périmètre du champ, et quelle est la plus courte des deux distances ABCD et AED?

DIX-SEPTIÈME LEÇON.

L'élève additionnera les nombres suivants (écrits en chiffres), et dira ce qu'exprime la somme.

1. 25 grenadiers, 18 voltigeurs, 22 lanciers, 13 chasseurs, 9 hussards.

2. Félix avait 23 fr. 60 ; son père lui a donné 17 fr. 50 ; sa mère 14 fr., et son parrain 9 fr. 85.

3. 137 poiriers, 184 pommiers, 256 abricotiers, 332 cerisiers, 548 platanes.

4. 22 maçons, 16 serruriers, 15 charpentiers, 82 terrassiers, 9 tailleurs de pierre.

5. 352 oranges, [illegible]88 pêches, 225 pommes, 96 poires, 134 cédrats.

6. 3685 Français, 987 Anglais, 2572 Autrichiens, 724 Prussiens, 1258 Allemands.

7. 52 additions, 37 soustractions, 84 multiplications, 63 divisions.

8. Pour remplir un tonneau, on y a mis une première fois 436 litres, une deuxième fois 376, et une troisième fois 482.

9. 162 substantifs, 46 adjectifs, 59 verbes, 32 pronoms, 64 adverbes, 145 articles, 68 conjonctions, 85 prépositions.

10. Un cheval porte 22 kilogrammes de fer, 34 de blé, 27 de farine et 38 de charbon.

DIX-HUITIÈME LEÇON.

DE LA SOUSTRACTION.

33. — La *Soustraction* est une opération par laquelle on retranche un nombre d'un autre nombre de même espèce. Le résultat s'appelle *excès, reste* ou *différence*.

34. — On indique une soustraction au moyen du signe —(*moins*), que l'on place entre les deux nombres, avant celui qui doit être retranché, de cette manière : 48 — 16, dites 48 moins 16.

35. — Pour faire la soustraction, écrivez le grand nombre au-dessus du petit, de manière que les unités de même ordre se correspondent, comme dans l'addition, et soulignez le tout pour le séparer du résultat que vous écrirez dessous. Ensuite, commençant par la première colonne à droite, retranchez le chiffre inférieur du chiffre supérieur correspondant, et écrivez le résultat au-dessous de la colonne; continuez ainsi sur chaque colonne jusqu'à la dernière.

Si le chiffre inférieur est égal à son correspondant supérieur, écrivez 0 au-dessous de la colonne.

EXEMPLE.

685493	je dis : 2 ôtés de 3, reste 1 que j'écris dessous;
—283162	6 ôtés de 9, reste 3 ; 1 ôté de 4, reste 3 ; 3
402331	ôtés de 5, reste 2; 8 ôtés de 8, reste 0; 2 ôtés
	de 6, reste 4.
	La différence est donc 402331.

36. — Pour faire la preuve de la soustraction, ajoutez le petit nombre avec le reste, et si la somme égale le grand nombre, il est probable que l'opération est juste.

EXEMPLE.

	826417365
	—204316324
Reste.....	622101041
Preuve...	826417365 Somme égale au grand nombre.

37. — La soustraction des décimales se fait comme celle des nombres entiers, seulement il ne faut pas oublier de mettre une virgule au résultat, entre le chiffre des unités et celui des dixièmes.

EXEMPLES.

	6503,829
	—4201,312
Reste	2302,517
Preuve	6503,829

	52,64875
	—20,43572
Reste	32,21303
Preuve	52,64875

L'élève effectuera les soustractions suivantes :

1° 46817962
— 12304561
....
....

2° 843265
— 641202
......
......

3° 647852149
— 106231126
....
....

4° 763,2508
— 203,1206
...,....
...,....

5° 6,4783
— 1,4320
.,....
.,....

6° 42,06853
— 32,04532
..,.....
..,.....

DIX-NEUVIÈME LEÇON.

38. — Si le chiffre inférieur est plus grand que le supérieur, augmentez celui-ci de *dix* unités; mais, en passant à la colonne suivante, ajoutez *une* unité au chiffre inférieur.

EXEMPLE.

	35020064
	14395238
Reste.	20624826

Je dis : 8 ôtés de 4, ne se peut; j'ajoute 10 à 4, ce qui donne 14, et alors j'ai 8 ôtés de 14, reste 6. J'augmente maintenant d'une unité le chiffre inférieur de la colonne suivante (3 et 1 = 4), et je dis : 4 ôtés de 6, reste 2. Ici je n'ajouterai rien au chiffre suivant parce que je n'ai pas dû augmenter le chiffre supérieur précédent. 2 ôtés de 0, ne se peut; j'ajoute 10 à ce 0, ce qui donne 10; 2 ôtés de 10, reste 8. J'augmente d'une unité le chiffre inférieur de la colonne suivante (5 et 1 = 6), et je dis : 6 ôtés de 0, ne se peut; donc 6 ôtés de 10, reste 4. J'augmente le chiffre suivant d'une unité, et j'ai : 10, ôtés de 2, ne se peut; donc 10 ôtés de 12, reste 2. J'augmente le chiffre suivant d'une unité, et j'ai : 4 ôtés de 0, ne se peut; donc 4 ôtés de 10, reste 6. J'augmente le chiffre suivant d'une unité, 5 ôtés de 5, reste 0. 1 ôté de 3, reste 2. Le reste est donc 20624826.

39. — S'il se trouve des chiffres qui n'aient pas de correspondants, suppléez à ceux-ci par des zéros.

EXEMPLES.

36472	48,56	567
— 538	— 32,2734	— 13,253

Faites les soustractions comme s'il y avait :

	36472	48,5600	567,000
	— 00538	32,2734	013,253
Les restes sont	35934	16,2866	553,747

L'élève effectuera les soustractions suivantes :

1°		2°		3°	
	4627830026		5003270016		38500203624
—	1234567890	—	4732649359	—	12840731617

	De	Otez		De	Otez
4.	4730036	2483623	**8.**	52,735	48,364
5.	8025412	6248447	**9.**	82,2	34,6274
6.	674300301	429864	**10.**	5432,72	875
7.	34000765	12703826	**11.**	2064	853,85

VINGTIÈME LEÇON.

USAGES DE LA SOUSTRACTION.

40. — On résout par la soustraction les problèmes où il s'agit de connaître la différence entre deux nombres donnés ou l'excès d'un nombre sur un autre;... de diminuer un nombre donné d'un autre nombre donné;.... de trouver ce qui reste d'un nombre quand on sait ce qu'on en a ôté, ou ce qu'on doit en ôter.

En général, on résout un problème par la soustraction toutes les fois que la chose demandée doit exprimer la différence de deux nombres donnés.

Nota. — On ne peut soustraire une quantité d'une quantité d'espèce différente, à moins qu'on n'applique à la chose demandée un nom qui convienne aussi aux deux nombres donnés, par exemple : j'avais 850 arbres de différentes espèces; j'ai perdu 215 poiriers : combien d'arbres me reste-t-il ? — Réponse : 635.

PROBLÈMES.

1. Félix avait 30 fr. ; il en a dépensé 20 : combien a-t-il maintenant ?

Réponse. — Il a les 30 fr. qu'il avait, *moins* les 20 qu'il a dépensés... 30 — 20 = 10 fr.

2. Une pièce de toile avait 62 mètres de longueur, on en a vendu 40 mètres : combien en reste-t-il?

Réponse. — Il reste les 62 mètres qu'avait la pièce, *moins* les 40 qui ont été vendus... 62 — 40 = 22.

L'élève répondra par écrit aux questions suivantes :

1. Quelle chose faut-il savoir pour déterminer ce que l'on gagne ou ce que l'on perd en vendant un objet ?

2. Quelles choses faut-il savoir pour déterminer la somme qui reste à quelqu'un ?

3. Que trouverez-vous si du prix de vente vous ôtez le prix d'achat ?

4. Si du prix d'achat vous ôtez le prix de vente ?

5. Si de vos revenus vous ôtez vos dépenses ?

6. Si de vos dépenses vous ôtez vos revenus ?

L'élève donnera la solution raisonnée des problèmes suivants :

1. Un tonneau contenait 875 litres de vin ; on en a retiré 396 : combien y en a-t-il maintenant ?

2. Un général est entré en campagne avec 15,700 hommes ; il a reçu un renfort de 2,545 hommes : combien en a-t-il maintenant avec lui ?

3. Un tonneau contenait 875 litres de vin ; on y a ajouté 275 litres : combien y en a-t-il maintenant ?

4. Un général est entré en campagne avec 15,700 hommes; il en a laissé 1,864 dans les hôpitaux : combien en a-t-il maintenant avec lui ?

5. Une pièce de toile coûte 365 fr. : combien devra-t-on la revendre pour gagner 53 fr. 60 c. ?

6. Le Danube a 3,022 kilomètres de cours, et le Nil 4,222; quel est le plus long, et de combien ?

VINGT-ET-UNIÈME LEÇON.

L'élève donnera la solution raisonnée des problèmes suivants :

1. Un livre a 415 pages ; j'ai lu jusqu'à la 237e : combien de pages ai-je encore à lire ?

2. Molière mourut en 1673, à l'âge de 53 ans : quelle est l'année de sa naissance ?

3. L'invention de l'imprimerie date de 1445 ; celle de la poudre à canon de 1474 : quel temps s'est-il écoulé entre ces deux époques ?

4. Un fonds de magasin est estimé 34,860 fr. ; si on l'achète 8,435 fr. au-dessous de l'évaluation, combien devra-t-on payer ?

5. Un chapelier reçoit deux commandes : l'une de 450 chapeaux, l'autre de 250 ; il en a livré 575 : que doit-il envoyer encore ?

6. Un père laissa 43,000 fr. à ses trois enfants ; l'aîné eut 18,500 fr., et le cadet 2,450 fr. de moins que l'aîné : quelle fut la part du plus jeune ?

7. Une servante va au marché avec 30 francs ; elle achète 3 poulets 4 fr. 25 ; une dinde 9 fr. ; un lièvre 4 fr. 50 ; des légumes 1 fr. 15 ; des fruits 3 fr. 40, et des œufs 1 fr. 75 : quelle somme lui reste-t-il ?

VINGT-DEUXIÈME LEÇON.

L'élève donnera la solution raisonnée des problèmes suivants :

1. Je devais à Paul 342 fr. 70 ; je lui ai remis une 1re fois 83 fr. 40 ; une 2me fois 46 fr. 25, et une 3e fois 128 fr. 85 : que lui dois-je encore ?

2. Louis doit copier 3,648 vers en quatre jours ; le 1er jour, il en a copié 834 ; le 2me jour, 1,012, et le 3me 797 : combien lui reste-t-il à copier le 4me jour ?

3. J'ai acheté une maison pour 12,600 fr. ; j'y ai fait 4,372 fr. 45 de réparations : combien gagnerai-je en la revendant 20,000 fr. ?

4. Un navire allant de Port-Vendres à Marseille avec 215 passagers, en a débarqué 32 à La Nouvelle et 68 à Cette : avec combien de passagers est-il arrivé à destination ?

5. J'avais 24 ans à la naissance de mon fils aîné, et 27 à la naissance de mon fils cadet : de combien mon fils aîné est-il plus âgé que mon cadet ; quel est l'âge de chacun de mes enfants si j'ai 33 ans, et quel sera-t-il lorsque j'aurai 45 ans ?

6. Un tonneau contenait 850 litres de vin ; après en avoir tiré une 1re fois 182 litres, et une deuxième fois 264, on y a remis 480 litres, puis on en a tiré encore 325 litres et 140 litres : combien y en reste-t-il ?

7. Soit la ligne A B C D :

De A à D, il y a 1,780 mètres ; de A à C, 1,125, et de A à B, 456 : combien y en a-t-il de C à D, de B à C, et de B à D ?

VINGT-TROISIÈME LEÇON.

L'élève donnera la solution raisonnée des problèmes suivants :

1. Félix a 282f 60, Paul 413f, Joseph 217f 45, et Gaston 368f. On demande : 1° combien ils ont tous ensemble ; 2° quel est celui qui a le plus, et combien il a de plus que chacun des autres ; 3° quel est celui qui a le moins et combien il a de moins que chacun des autres.

2. L'une des tours St-Sulpice à Paris a 69m de hauteur, et la tour St-Eustache 39m 50 ; si on les superposait, à quelle hauteur s'élèverait-on ?

3. Paul avait 68f 15, son père lui a donné 17f 30, et a il dépensé 29f 75 : combien lui reste-t-il ?

4. Félix avait 68f 15 ; il a acheté une montre de 35f et une chaîne de 9f 50 ; combien a-t-il maintenant ?

5. Cinq individus ont à se partager 36850f. Le premier doit avoir 6434f 75, le second 316f 60 de plus que le premier, le troisième 500f de moins que le second, et le quatrième 8250f : que restera-t-il pour le cinquième ?

L'élève complètera les énoncés des problèmes suivants de manière qu'ils doivent se résoudre par des soustractions, et il les résoudra.

1. Un individu qui avait 326f, a dépensé 236f 60......... ?

2. Félix me devait 46f 25......: combien me doit-il encore ?

3. Un marchand a acheté une pièce de drap pour 845f.....: combien a-t-il gagné ?

4. Louis avait 500 vers à copier; il en a copié 287........ ?

5. Un marchand a acheté une pièce de drap pour 845f, il l'a revendue pour 786......... ?

VINGT-QUATRIÈME LEÇON.

DE LA MULTIPLICATION.

41. — La *Multiplication* est une opération par laquelle on répète un nombre appelé *multiplicande*, autant de fois qu'il y a d'unités dans un autre nombre appelé *multiplicateur*.

Le résultat s'appelle *produit*.

42. — Le multiplicateur et le multiplicande se nomment les *facteurs* de la multiplication ou du produit.

43. — On indique une multiplication au moyen du signe × (*multiplié par*), que l'on place entre les deux facteurs, de cette manière : 36 × 64; dites 36 multiplié par 64.

Pour opérer facilement la multiplication, il est nécessaire de bien savoir par cœur la table suivante, appelée table de multiplication.

1	fois	0	fait	0	4	fois	0	font	0	7	fois	0	font	0
1		1		1	4		1		4	7		1		7
1		2		2	4		2		8	7		2		14
1		3		3	4		3		12	7		3		21
1		4		4	4		4		16	7		4		28
1		5		5	4		5		20	7		5		35
1		6		6	4		6		24	7		6		42
1		7		7	4		7		28	7		7		49
1		8		8	4		8		32	7		8		56
1		9		9	4		9		36	7		9		63
2	fois	0	font	0	5	fois	0	font	0	8	fois	0	font	0
2		1		2	5		1		5	8		1		8
2		2		4	5		2		10	8		2		16
2		3		6	5		3		15	8		3		24
2		4		8	5		4		20	8		4		32
2		5		10	5		5		25	8		5		40
2		6		12	5		6		30	8		6		48
2		7		14	5		7		35	8		7		56
2		8		16	5		8		40	8		8		64
2		9		18	5		9		45	8		9		72
3	fois	0	font	0	6	fois	0	font	0	9	fois	0	font	0
3		1		3	6		1		6	9		1		9
3		2		6	6		2		12	9		2		18
3		3		9	6		3		18	9		3		27
3		4		12	6		4		24	9		4		36
3		5		15	6		5		30	9		5		45
3		6		18	6		6		36	9		6		54
3		7		21	6		7		42	9		7		63
3		8		24	6		8		48	9		8		72
3		9.		27	6		9		54	9		9		81

Cette table sert, comme on voit, à multiplier un nombre d'un seul chiffre par un autre nombre d'un seul chiffre.

L'élève fera oralement les exercices suivants

Pour faire 30 il faut 5 fois 6 ou 3 fois 10.
Pour faire 24 il faut 8 fois — ou 6 fois —
Pour faire 54 il faut 9 fois —
Pour faire 36 il faut 6 fois — ou 4 fois —
Pour faire 56 il faut 7 fois —
Pour faire 35 il faut 5 fois —
Pour faire 12 il faut 2 fois — ou 3 fois —
Pour faire 81 il faut 9 fois —
Pour faire 21 il faut 3 fois —
Pour faire 64 il faut 8 fois —
Pour faire 20 il faut 4 fois — ou 2 fois —
Pour faire 32 il faut 8 fois —
Pour faire 72 il faut 9 fois —
Pour faire 14 il faut 7 fois —
Pour faire 25 il faut 5 fois —
Pour faire 28 il faut 4 fois —
Pour faire 48 il faut 6 fois —
Pour faire 7 il faut 7 fois —
Pour faire 40 il faut 4 fois — ou 8 fois —
Pour faire 63 il faut 9 fois —
Pour faire 30 il faut 3 fois —
Pour faire 10 il faut 5 fois —
Pour faire 16 il faut — fois — ou — fois —
Pour faire 42 il faut — fois —
Pour faire 18 il faut — fois — ou — fois —
Pour faire 15 il faut — fois —
Pour faire 9 il faut — fois —
Pour faire 27 il faut — fois —
Pour faire 45 il faut — fois —
Pour faire 49 il faut — fois —

44. — Pour multiplier un nombre quelconque par un nombre d'un seul chiffre, multipliez successivement par ce chiffre, en commençant par la droite, tous les chiffres du multiplicande.

Si le produit d'un de ces chiffres ne surpasse pas 9, écrivez-le tel que vous le trouvez, et s'il surpasse 9, retenez, comme dans l'addition (n° 29), et écrivez aussi le dernier produit tel que vous le trouverez.

EXEMPLE.

Soit 40563 à multiplier par 6.

40563 × 6 = 243378	Je dis : 6 fois 3 font 18, je pose 8 et retiens 1. 6 fois 6 font 36 et 1 de retenue 37 ; je pose 7 et retiens 3. 6 fois 5 font 30 et 3 de retenue 33 ; je pose 3 et retiens 3. 6 fois 0 font 0 et 3 de retenue 3 ; je pose 3. 6 fois 4 font 24 que j'écris ; ou je pose 4 et *j'avance* 2. Ainsi le produit est 243378.

AUTRES EXEMPLES.

853162	70400628	15408673
× 5	× 3	× 8
4265810	211201884	123269096

L'élève effectuera les multiplications suivantes :

1.	83026547 × 2	**7.**	2346024287 × 5
2.	6193265 × 4	**8.**	464893166 × 7
3.	162700463 × 6	**9.**	528608243 × 9
4.	52894607 × 8	**10.**	3400620084 × 6
5.	89031245 × 1	**11.**	52947368 × 8
6.	694253408 × 3	**12.**	205306407 × 5

VINGT-CINQUIÈME LEÇON.

45. — Pour multiplier un nombre quelconque par un nombre composé de plus d'un chiffre, multipliez tous les chiffres du nombre supérieur par chacun des chiffres

du nombre inférieur, comme dans l'exemple précédent, en ayant soin de placer le premier chiffre du produit partiel à la colonne du chiffre multiplicateur. Cela fait, soulignez tous les produits partiels et additionnez-les :

Soit à multiplier 4725 par 316.

```
                      4725
                     × 316
                   -------
1er PRODUIT...       28350
2e PRODUIT...        4725
3e PRODUIT...       14175
                   -------
Produit total...   1493100
```

1er PRODUIT PARTIEL. — 6 fois 5 font 30; je pose 0 et retiens 3, etc.; ce premier produit = 28350 unités.

2e PRODUIT PARTIEL. — 1 fois 5 fait 5; je pose 5 à la 2e *colonne* etc.; ce second produit = 4725 dizaines.

3e PRODUIT PARTIEL. — 3 fois 5 font 15; je pose 5 à la 3e *colonne* et je retiens 1, etc.; ce troisième produit = 14175 centaines. Je souligne les trois produits; j'en fais la somme et le produit total est 1493100.

46. — Si dans le nombre multiplicateur se trouvent un ou plusieurs zéros placés entre d'autres chiffres, ne tenez pas compte de ces zéros dans la multiplication, et passez à l'autre chiffre, *en ayant toujours soin de placer le premier chiffre du produit partiel à la colonne du chiffre multiplicateur.*

EXEMPLES.

```
      734627              5347026
     × 40305             × 300045
   ---------          -----------
     3673135             26735130
   2203881              21388104
  2938508             16041078
 -----------          -----------
 29609141235          160651396170
```

47. — Si l'un des facteurs ou les deux facteurs sont terminés par un ou plusieurs zéros, opérez *comme si les zéros n'y étaient pas*, et ajoutez-en un égal nombre à la droite du produit.

EXEMPLE.

Soit à multiplier 38300 par 25000. J'ai

```
  383(00)
 ×25(000)
 --------
 1915
 766
 ---------
 957500000
```

48. — La multiplication *des décimales* s'effectue comme celle des nombres entiers, sans tenir compte de la virgule; mais il faut séparer sur la droite du produit total autant de chiffres décimaux qu'il y en a dans les deux facteurs ensemble.

EXEMPLES.

```
     47,25
   × 3,642               306,423
   -------                    64
      9450               ---------
    1 8900               1225 692
   28 350               18385 38
  141 75                ---------
  ---------             19611,072
  172,08450
```

49. — La preuve de la multiplication se fait en effectuant, dans un autre ordre, le produit des mêmes facteurs. Si l'on retrouve le même produit, il est probable que l'opération a été bien faite.

EXEMPLES.

325	PREUVE 247
× 247	× 335
2275	1235
1300	494
650	741
80275	80275

L'élève effectuera les multiplications suivantes :

1°	4632572 × 36	**4°**	532684 × 70403
2°	400693 × 275	**5°**	48030 × 5300
3°	658412 × 4723	**6°**	826,472 × 52,4

VINGT-SIXIÈME LEÇON.

L'élève effectuera les multiplications suivantes :

1°	67035264 × 8786	**5°**	837000 × 2500
2°	5426482 × 49365	**6°**	463500 × 6000
3°	20467134 × 106008	**7°**	32,43 × 65,03
4°	6294358 × 30904	**8°**	6242,6 × 4,6025

VINGT-SEPTIÈME LEÇON.

L'élève effectuera les multiplications suivantes :

1°	28641397 × 5403602	**5°**	6342,683 × 52,673
2°	893674684 × 3409010	**6°**	3027,15 × 459
3°	742603607 × 640678	**7°**	823.06 × 7,032
4°	580342618 × 1404093	**8°**	4375,293 × 6,52

VINGT-HUITIÈME LEÇON.

USAGES DE LA MULTIPLICATION.

50. — On résout par la multiplication les problèmes où il s'agit de rendre un nombre un certain nombre de fois plus grand; ...... de calculer le prix de plusieurs objets de même espèce, lorsqu'on connaît le prix d'un de ces objets.

Et, en général, de déterminer la *valeur de plusieurs* choses ou d'une fraction de ces choses, lorsqu'on connaît la *valeur d'une* de ces choses.

NOTA. — Quand on raisonne sur un problème qui doit être résolu par la multiplication, on conclut *presque toujours* par cette formule : *tant de fois plus* ou *tant de fois tel nombre.*

PROBLÈMES.

1° Quel est le nombre 15 fois plus grand que 25? — Réponse, 375.

Solution. Ce nombre est 15 fois 25 ou $25 \times 15 = 375$.

2° Combien coûtent 32ᵐ de drap à 12ᶠ le mètre. — Réponse, 384ᶠ.

Solution. Puisqu'un mètre coûte 12ᶠ, 32 mètres coûtent 32 fois plus ou 32 fois 12ᶠ, c'est-à-dire $12 \times 32 = 384$.

L'élève donnera la solution raisonnée des problèmes suivants :

1. Combien valent 64 kilogrammes de sucre à 1ᶠ 72 le kilog.?

2. Un ouvrier gagne 3ᶠ 25 par jour; combien gagnera-t-il tous les 40 jours?

3. Un ouvrier gagne 4ᶠ 50 par jour; combien gagneront 36 ouvriers? Et combien gagneront-ils dans 15 jours?

4. J'avais 64ᶠ 30 ; j'ai acheté 6ᵐ, 50 de velours à 3ᶠ le mètre : combien me reste-t-il ?

5. Un épicier a acheté 126 kilogrammes de café pour 260f ; il l'a revendu 2f 75 le kilogramme : combien a-t-il gagné ?

6. Combien coûtent ensemble 103 sacs de blé à 22f 60 chacun ; 215 quintaux de fer à 23f 25 le quintal, et 19 balles de farine à 72f la balle ?

VINGT-NEUVIÈME LEÇON.

L'élève donnera la solution raisonnée des problèmes suivants :

1. Un volume renferme 648 pages de 37 lignes chacune : combien a-t-il de lignes ?

2. J'ai 54 poutres, de chacune desquelles je puis faire 15 planches : combien de planches puis-je faire en tout ?

3. Il y a dans un musée 158 cartons contenant chacun 36 médailles : quel est le nombre total des médailles ?

4. Si un tas de 25 gerbes de blé donne en moyenne 130 litres de grains, combien 95 tas semblables donneront-ils de litres ?

5. Un ouvrier économise 0f 75 par jour de travail : combien aura-t-il économisé après 3 années de 306 jours de travail ?

6. 180 hommes se sont partagé une somme ; 45 ont eu 22f 35 chacun ; 83 ont eu 34f chacun, et les autres ensemble 4875f : quelle est cette somme ?

7. Dieudonné reçoit 0f 02 pour chaque jeton de satisfaction qu'il obtient, et 0f 10 pour chaque bon point : combien recevra-t-il pour 183 jetons et 9 bons points ?

TRENTIÈME LEÇON.

L'élève donnera la solution raisonnée des problèmes suivants :

1. Une maison a 75 croisées de chacune 12 carreaux : quel est le nombre des carreaux de cette maison ; et, si chacun coûte 0 fr. 85, combien coûtent-ils tous ensemble ?

2. Une bourse contient 122 pièces de 10 fr., 38 pièces de

20 fr. et 16 pièces de 40 fr. : quelle somme et quel nombre de pièces contient cette bourse?

3. Un marchand a acheté 36 mètres de drap pour 450 fr., il en a vendu 14 mètres à 12 fr. 50 le mètre, 9 mètres à 13 fr. et le reste à 13 fr. 75 : combien a-t-il gagné ou perdu?

4. Si une rame de papier contient 20 mains et chaque main 24 feuilles, combien de mains y a-t-il dans 34 rames, et combien de feuilles dans 16 mains?

5. Quel est le nombre des briques du pavé d'une chambre, s'il y a 48 rangées de 40 briques chacune, et combien coûtent-elles à raison de 0 fr. 037 l'une?

6. Un cheval consomme par jour 12 kilogr. de foin : combien de kilogr. consomment 24 chevaux en 15 jours?

7. 18 hectolitres de blé ont coûté 540 fr.: quel bénéfice fera-t-on en les revendant 32 fr. 15 chacun?

TRENTE-ET-UNIÈME LEÇON.

DU TEMPS.

51. — L'année civile vaut 365 jours; l'année commerciale 360. Elle se divise en 12 mois, en 52 semaines, en 4 trimestres, en 2 semestres. Le mois vaut 30 jours; le jour, 24 heures; l'heure, 60 minutes; la minute, 60 secondes. La semaine vaut 7 jours.

L'élève résoudra les problèmes suivants :

1. Combien y a-t-il de mois dans 7 ans? ..... dans 5 ans et 8 mois? ..... dans 14 ans et demi?

2. Combien y a-t-il de semaines dans 7 ans? .... dans 3 ans et 5 semaines? ..... dans 4 ans et 11 semaines?

3. Combien y a-t-il de trimestres dans 16 ans? ..... dans 14 ans? ..... dans 12 ans et 3 mois?

4. Combien y a-t-il de semestres dans 9 ans? ..... dans 15 ans? ..... dans 18 ans et demi?

5. Combien y a-t-il de jours en 16 mois? ..... dans 26 mois et 12 jours? ..... dans 8 mois et 3 semaines?.....

6. Combien y a-t-il de jours dans 45 semaines? ..... dans 27 semaines? ..... dans 13 semaines et 4 jours?.....

7. Combien y a-t-il de minutes dans 23 heures?... dans 15 heures et 13 minutes?... dans 9 heures et 44 minutes?...

8. Combien y a-t-il de secondes dans 18 heures?... dans 6 heures et 28 secondes?... dans 17 heures et 36 secondes?...

TRENTE-DEUXIÈME LEÇON.

L'élève résoudra les problèmes suivants:

1. Louis apprend 16 vers chaque jour : combien en aura-t-il appris dans 36 jours?

2. Dieudonné avait 35 fr. 65; il a gagné 14 fr. 35 : combien a-t-il?

3. Un ouvrier gagne 860 fr. par an et dépense 625 fr. : combien lui reste-t-il à la fin de l'année, et combien aura-t-il écomisé dans 15 ans?

4. Félix a travaillé 6 heures 10 minutes, et Henri 5 heures 25 minutes : combien de temps Félix a-t-il travaillé de plus que Henri?

5. Un marchand a vendu 75 mètres de drap à 9 fr. 85 : combien a-t-il reçu?

6. Un élève copie 680 lignes par semaine : combien copie-t-il par an?

7. Pierre devait à Paul 48 mètres de drap à 16 fr. 35 le mètre. Il lui a remis une première fois 326 fr. 45 et une seconde fois 172 fr. : combien lui doit-il encore?

8. Dans un atelier il y a 6 ouvriers qui gagnent 5 fr. 25 chacun; 14 qui gagnent 4 fr. 50, et 26 qui gagnent 2 fr. 75 : combien gagnent-ils tous ensemble?

TRENTE-TROISIÈME LEÇON.

DE LA DIVISION.

52. — La *Division* est une opération par laquelle on cherche combien de fois un nombre appelé *diviseur* est contenu dans un autre nombre appelé *dividende*. Le résultat s'appelle *quotient*.

53. — Le dividende et le diviseur se nomment les *facteurs* du quotient ou de la division.

54. — On indique une division par deux points (:) que l'on place après le dividende et avant le diviseur ; ou par un trait horizontal que l'on place au-dessous du dividende et au-dessus du diviseur, de cette manière 24 : 6 ou $\frac{24}{6}$; lisez 24 *divisé* par 6.

55. — Quand le diviseur est 2, 3, 4, on dit qu'on prend la moitié, le tiers, le quart.

Quand le diviseur est un autre nombre comme 5, 6, 7, 8, 9, 20 etc., on dit qu'on prend le cinqu*ième*, le six*ième*, le sept*ième*, le huit*ième*, le neuv*ième*, le vingt*ième*, etc.

56. — La table de multiplication peut aussi servir de table de division, et fournir le moyen de diviser un nombre quelconque par un nombre composé d'un seul chiffre.

Voici comment :

Soit à diviser 35 par 7, ou, ce qui revient au même, à prendre le septième de 35. Je cherche le nombre 35 dans les produits de 7, et j'ai pour quotient le facteur 5, qui correspond à ce produit. Ainsi le septième de 35 est 5.

Soit encore à prendre le tiers de 19. Je cherche le nombre 19 dans les produits de 3 ; mais comme ce nombre ne s'y trouve pas, je prends le produit qui lui est immédiatement inférieur ; ici, c'est 18. J'ai donc pour quotient le facteur 6, correspondant à ce produit, et il reste 1, qui exprime la différence entre 18 et 19.

De même, le huitième de 29 est 3 et reste 5 ; le sixième de 34 est 5 et reste 4 ; le cinquième de 48 est 9 et reste 3 ; le quart de 3 est 0 et reste 3.

L'élève complètera le devoir suivant :

1. La moitié de 6 est..... ; de 9, est..... ; de 12, est..... ; de 17, est..... ; de 13, est..... ; de 1, est..... ; de 19, est.....

2. Le tiers de 7 est..... ; de 15, est..... ; de 2, est..... ; de 29, est..... ; de 18, est..... ; de 20, est..... ; de 19, est.....

3. Le quart de 9 est..... ; de 16, est..... ; de 26, est..... ; de 35, est..... ; de 2, est..... ; de 11, est..... ; de 28, est..... ; de 38, est.....

4. Le cinquième de 4 est..... ; de 11, est..... ; de 35, est..... ; de 31, est..... ; de 13, est..... ; de 29, est..... ; de 40, est..... ; de 48, est.....

5. Le sixième de 12 est..... ; de 27, est..... ; de 51, est..... ; de 15, est..... ; de 0 est..... ; de 39, est..... ; de 30, est..... ; de 56, est.....

6. Le septième de 33, est..... ; de 49, est..... ; de 60, est..... ; de 28, est..... ; de 6, est..... ; de 40, est..... ; de 68, est.....

7. Le huitième de 34, est..... ; de 50, est..... ; de 72, est..... ; de 17, est..... ; de 3, est..... ; de 25, est..... ; de 75, est.....

8. Le neuvième de 40, est..... ; de 77, est..... ; de 36, est..... ; de 8, est..... ; de 57, est..... ; de 65, est..... ; de 86, est.....

TRENTE-QUATRIÈME LEÇON.

57. — **Pour diviser un nombre quelconque par un nombre d'un seul chiffre, voici comment on fait :**

Soit... 43572612 à diviser par 3. Je dis, en commençant par la gauche : le tiers de 4 est 1, reste 1 qui vaut 10, et 3 du chiffre suivant, 13 ; le tiers de 13 est 4, reste 1 qui vaut 10, et 5 du chiffre suivant font 15; le tiers de 15 est 5; le tiers de 7 est 2, reste 1 qui vaut 10, et 2 du chiffre suivant 12; le tiers de 12 est 4; le tiers de 6 est 2; le tiers de 1 est 0, reste 1 qui vaut 10, et 2 du chiffre suivant 12; le tiers de 12 est 4. Donc le quotient est 14524204.

Quotient... 14524204

De même le 5e de 36275832 est 07255166, ou, en supprimant le zéro qui se trouve à gauche (N° 14), 7255166.

Le quart de 3764 est 941; le cinquième de 6723 est 1344, reste 3.

58.— La preuve de la division se fait en multipliant le quotient par le diviseur et en ajoutant le reste à ce produit.

Si la somme ainsi obtenue est égale au dividende, il est probable que l'opération a été bien faite.

EXEMPLES.

1° Le quart de 3764 est 941.

PREUVE. 941 × 4 = 3764.

2° Le 5e de 6723 est 1344, reste 3.

PREUVE. 1344 × 5 = 6720 + 3 de reste = 6723.

L'élève effectuera les divisions suivantes:

1. La moitié de 56....; de 472....; de 5063.... ; de 1461032.
2. Le tiers de 80....; de 4724....; de 673147....; de 226502.
3. Le quart de 49....; de 264....; de 106278....; de 143268.
4. Le cinquième de 53....; de 685....; de 7204....; de 46810.
5. Le sixième de 304....; de 7604....; de 236016....; de 93258.
6. Le septième de 6473...; de 857...; de 642335...; de 547326.

7. Le huitième de 106....; de 7468....; de 401362....; de 764826.
8. Le neuvième de 96....; de 819....; de 67643....; de 2046137.

TRENTE-CINQUIÈME LEÇON.

59. — Pour diviser un nombre entier quelconque par un autre nombre entier, écrivez le diviseur à la droite du dividende et séparez-les par un trait vertical; tirez sous le diviseur un trait horizontal, au-dessous duquel vous écrirez les chiffres du quotient à mesure que vous les trouverez. Prenez sur la gauche du dividende autant de chiffres qu'il y en a au diviseur, ou un de plus si le nombre formé par ces chiffres est plus petit que le diviseur. Le nombre que vous aurez ainsi pris s'appelle *premier dividende partiel.*

Cela fait, cherchez *le plus grand nombre de fois* que le premier chiffre du diviseur est contenu dans le premier ou les deux premiers chiffres du dividende partiel: dans le premier, si le dividende partiel a le même nombre de chiffres que le diviseur; dans les deux premiers, si le dividende partiel a un chiffre de plus que le diviseur.

Écrivez *ce nombre de fois* sous le diviseur, et vous aurez ainsi les plus fortes unités ou le premier chiffre du quotient.

Multipliez le diviseur par le chiffre obtenu; retranchez ce produit du dividende partiel, et abaissez à la suite du reste le chiffre qui, *dans le dividende total,* vient immédiatement après le dividende partiel. Vous aurez alors formé le *second dividende partiel.*

Opérez sur le second dividende partiel comme sur le premier, et vous déterminerez ainsi le second chiffre du quotient, que vous écrirez à la droite du premier.

Répétez la même opération jusqu'à l'entier épuisement des chiffres du dividende.

Vous voyez donc, en résumé, que, pour obtenir *chaque* chiffre du quotient, il faut : 1° *former le dividende partiel;* ce qui, à partir du second, se fait *en abaissant* un chiffre du dividende total à côté du reste; 2° *diviser;* 3° *multiplier;* 4° *soustraire.*

Nota. — Le nombre de chiffres du quotient est égal au nombre, plus un, des chiffres qui restent sur la droite du dividende après qu'on en a séparé le premier dividende partiel.

MODÈLE DE DIVISION.

Soit à diviser 8342653 par 503.

834.2.6.5.3.	503		PREUVE.
503	16585	Quot.	16585
3312		× Divis.	503
3018			49755
2946			829250
2515		Reste...	398
4315		Somme égale au div.	9342653
4024			
2913			
2515			
Reste... 398			

Détails. — Je prends les trois premiers chiffres à gauche du dividende, parce que le nombre formé par eux (834) est assez grand pour contenir le diviseur (503). Il reste 4 chiffres à la droite de ce dividende partiel. Je sais dès lors que le quotient aura *cinq* (4+1) chiffres.

Le dividende partiel ayant le même nombre de chiffres que le diviseur, je dis : en 8, combien de fois 5, 1 fois. Je pose 1 au quotient. Je *multiplie* le diviseur par 1, ce qui donne 503, et je *soustrais* ce produit du dividende partiel; reste 331. *J'abaisse* le chiffre 2 à la droite du reste, et j'ai 3312 pour second dividende partiel.

Ce dividende ayant un chiffre *de plus* que le diviseur, Je dis : en 33 combien de fois 5, 6 fois. Je pose 6 au quotient à la droite du chiffre déja trouvé. Je *multiplie* le diviseur par 6 = 3018 que je *soustrais* du second dividende partiel, reste 294. *J'abaisse* le chiffre 6 du dividende total à la droite de ce reste, et le troisième dividende partiel est 2946.

Ce dividende ayant un chiffre *de plus* que le diviseur, je dis : en 29 combien de fois 5, 5 fois. Je pose 5 au quotient à la droite des chiffres déjà trouvés. Je *multiplie* le diviseur par 5 = 2515 que je *soustrais* du troisième dividende partiel; reste 431. *J'abaisse* le chiffre 5 du dividende total à la droite de ce reste, et le quatrième dividende partiel est 4315.

Ce dividende ayant un chiffre *de plus* que le diviseur, je dis : en 43, combien de fois 5, 8 fois. Je pose 8 au quotient à la droite des chiffres déjà trouvés. Je *multiplie* le diviseur par 8 = 4024, que je *soustrais* du quatrième dividende partiel; reste 291. *J'abaisse* le chiffre 3 au dividende total à la droite de ce reste, et le cinquième dividende partiel est 2913.

Ce dividende ayant un chiffre *de plus* que le diviseur, je dis : en 29, combien de fois 5, 5 fois. Je pose 5 au quotient à la droite des chiffres déjà trouvés. Je *multiplie* le diviseur par 5 = 2515; que je *soustrais* du cinquième dividende partiel; reste 398.

Et comme il n'y a plus de chiffres *à abaisser*, c'est-à-dire que les chiffres du dividende total sont épuisés, la division est finie. Ainsi 8342653 divisé par 503 donne pour quotient 16585 avec un reste, 398.

L'élève effectuera les divisions suivantes :

1.	6278437 : 4006	**4.**	38987658 : 802
2.	221354 : 601	**5.**	94878378 : 7014
3.	12585888 : 2016	**6.**	3252473 : 506

TRENTE-SIXIÈME LEÇON.

SUITE DE LA DIVISION (*premier complément*).

60. — Il peut arriver qu'après avoir abaissé le chiffre du dividende total à côté d'un reste, le dividende partiel ainsi formé ne soit pas aussi grand que le diviseur. Alors mettez zéro au quotient et abaissez un autre chiffre. Si le dividende partiel n'est pas encore aussi grand que le diviseur, mettez un second zéro au quotient, et ainsi de suite. En un mot, rappelez-vous bien que *pour chaque chiffre abaissé il faut un chiffre au quotient*.

Voilà pourquoi vous devez avoir soin, chaque fois que vous *avez abaissé* un chiffre, de *comparer* le nombre des chiffres du nouveau dividende partiel avec celui des chiffres du diviseur.

Le maître fera voir, par deux ou trois exemples au tableau, l'exactitude de cette observation.

L'élève effectuera les divisions suivantes :

1.	784723 : 601	**4.**	282574685 : 2014
2.	2096809 : 403	**5.**	3463114867 : 805
3.	24114583 : 802	**6.**	3219077184 : 4020

TRENTE-SEPTIÈME LEÇON.

SUITE DE LA DIVISION (*second complément*).

61. — Si vous aviez à diviser 20 par 19, en suivant les règles apprises jusqu'ici, vous diriez : en 2 combien de fois 1, 2 fois. Cependant vous voyez très-clairement que 19 n'est pas contenu 2 fois dans 20, puisque 2 fois 19 font 38.

Il peut donc vous arriver de placer au quotient un chiffre *trop fort*. Vous vous en apercevrez si la soustracton, *dont il est parlé dans la règle*, ne peut pas se faire. Alors vous diminuerez votre chiffre du quotient d'autant d'unités qu'il sera nécessaire.

Voilà pourquoi, *avant d'écrire le chiffre du quotient*, il faut s'assurer, *au moyen d'une opération mentale*, que ce chiffre ne soit pas trop fort.

62. — Il pourrait vous arriver aussi de placer au quotient un chiffre *trop faible*. Cela serait ainsi si le reste de la soustraction n'était pas *plus petit* que le diviseur.

Voilà pourquoi, *avant d'abaisser le chiffre suivant*, il faut s'*assurer* que le reste est *moindre* que le diviseur.

Le maître fera voir, par des exemples au tableau, l'exactitude de ces observations.

L'élève effectuera les divisions suivantes :

1.	84352604 : 768	**4.**	1263452 : 564
2.	637425 : 456	**5.**	8574624 : 3215
3.	5342073 : 894	**6.**	4360047 : 86

TRENTE-HUITIÈME LEÇON.

MÉTHODE ABRÉGÉE POUR FAIRE LA DIVISION.

63. — Dans la pratique, pour abréger les calculs, au lieu de porter sous chaque dividende partiel le produit du diviseur par le chiffre du quotient, on fait ordinairement la soustraction à mesure que l'on multiplie, sans écrire le produit.

Exemple. — Soit 384724 : 453.

OPÉRATION.		PREUVE.
3847.24	453	453
223 2	849	× 849
42 04		4077
Reste... 1 27		1812
		3624
		127
		384724

Dans cette opération, je dis : en 38 combien de fois 4, 8 fois. Je pose 8 au quotient. 8 fois 3 font 24; ôtés de 7, ne se peut; j'ajoute 20 par la pensée, et je dis : 24 ôtés de 27, reste 3, que j'écris, et je retiens 2. 8 fois 5 font 40 et 2 de retenue font 42, ôtés de 4, ne se peut; j'ajoute 40 par la pensée, et je dis : 42 ôtés de 44, reste 2 que j'écris, et retiens 4. 8 fois 4 font 32, et 4 de retenue 36; ici, comme c'est le dernier produit, je *ne puis plus* augmenter par la pensée; mais je *dois* retrancher du nombre qui se trouve réellement au dividende; 36 ôtés de 38, reste 2.

J'abaisse le chiffre suivant 2. En 22 combien de fois 4, 4 fois. 4 fois 3 font 12, ôtés de 12, reste 0, et retiens 1; 4 fois 5, 20, et 1 de retenue, 21, ôtés de 23, reste 2, et retiens 2; 4 fois fois 4, 16, et 2 de retenue 18, ôtés de 22, reste 4.

J'abaisse le chiffre suivant 4. En 42 combien de fois 4, 9 fois. 9 fois 3 font 27, ôtés de 34, reste 7 et retiens 3; 9 fois 5, 45, et 3 de retenue 48, ôtés de 50, reste 2 et retiens 5; 9 fois 4, 36, et 5 de retenue 41, ôtés de 42, reste 1.

Ainsi le quotient est 849, reste 127.

NOTA. — On retient toujours les dizaines du nombre dont on soustrait et non de celui que l'on soustrait, ou, pour mieux dire, du nombre le plus grand.

L'élève effectuera les divisions suivantes :

1.	5647268 : 7352	**4.**	10352647 : 17465
2.	8403526 : 964	**5.**	532694701 : 24356
3.	32628435 : 63542	**6.**	712604735 : 87562

TRENTE-NEUVIÈME LEÇON.

L'élève effectuera les divisions suivantes :

1.	72456473 : 2867	**4.**	947062546 : 58627
2.	443652740 : 48327	**5.**	650341842 : 87563
3.	247362546 : 48327	**6.**	532694701 : 24356

QUARANTIÈME LEÇON.

DIVISION DES DÉCIMALES.

64. — La division des *décimales* s'effectue comme celle des nombres entiers, mais il faut que le dividende et le diviseur aient le même nombre de chiffres décimaux. Si l'un des facteurs n'en a pas ou s'il en a moins que l'autre, écrivez à sa droite autant de zéros qu'il lui manque de décimales par rapport à l'autre facteur; puis faites abstraction de la virgule et divisez comme à l'ordinaire. Si le dividende seul a des décimales, vous pouvez ne pas écrire des zéros au diviseur; mais il faut avoir soin, quand l'opération est finie, de séparer sur la droite du quotient autant de chiffres qu'il y a de décimales au dividende.

EXEMPLES :

Soient les divisions ci-après :	Je fais l'opération avec les nombres :
34,25 : 15	3425 : 1500
125 : 15,753	125000 : 15753
31,7 : 14,134	31700 : 14134
4,86 : 0,02347	486090 : 002347 ou 2347

L'élève effectuera les divisions suivantes :

1.	327,45 : 64,226	**4.**	325 : 14,52
2.	18,347 : 4,5	**5.**	4630,75 : 834
3.	759,9 : 126,483	**6.**	70,237 : 9,34

QUARANTE-ET-UNIÈME LEÇON.

65. — Lorsque, après avoir épuisé tous les chiffres du dividende, comme il a été fait aux leçons précédentes, il y a un reste, vous pouvez continuer l'opération pour

obtenir au quotient une fraction décimale. A cet effet, placez une virgule au quotient et abaissez un zéro à la droite du reste, ainsi qu'à la droite de chacun des restes subséquents, jusqu'à ce que vous ayez au quotient le nombre de chiffres décimaux demandé.

Cela s'appelle diviser *à une fraction décimale près.*

EXEMPLE. Soit 7593 : 34 à 0,01 près, c'est-à-dire de manière à obtenir des centièmes au quotient.

```
                                          PREUVE.
 7593 | 34                                 223,32
      |------                                  34
      | 223,32                            --------
  79                                       893 28
  113                                      669 96
   110                                         12
    80                                    --------
    12                                    7593,00
```

DÉTAILS. — Les chiffres du dividende épuisés, il y a un reste 11. Je place une virgule au quotient, et j'abaisse un zéro à la droite du reste, ce qui donne 110 pour nouveau dividende partiel. Je le divise comme à l'ordinaire et j'ai un nouveau reste 8, à la droite duquel j'abaisse également un zéro. J'ai ainsi le nouveau dividende partiel, qui, divisé par 34, donne 2 au quotient et 12 pour reste. Je ne continue plus l'opération, parce que j'ai au quotient les centièmes demandés.

66. — Lorsque le dividende est plus petit que le diviseur, ajoutez à sa droite assez de zéros pour qu'il puisse contenir le diviseur; mais alors écrivez aussi au quotient un égal nombre de zéros en plaçant une virgule après le premier, qui tiendra lieu des entiers. Puis faites l'opéra-

tion en la prolongeant tant que vous voudrez, par le procédé du n° précédent.

Soit 12 : 465.

OPÉRATION.		PREUVE.
1200	465	465
930	0,0258	× 0,0258
2700		3720
2325		2325
3750		930
3720		30
30		12,0000

DÉTAILS. — Comme j'ai besoin de quatre chiffres au dividende, j'écris deux zéros à sa droite; j'en mets aussi deux au quotient, je place une virgule après le premier, et, prolongeant l'opération jusqu'à des dix-millièmes, j'obtiens pour quotient 0,0258.

L'Élève effectuera les divisions suivantes:

1.	328 : 12 à 0,001 près.	**5.**	62 : 478
2.	74623 : 847 à 0,01 près.	**6.**	235 : 6754
3.	21344 : 460 à 0,1 près.	**7.**	9 : 166
4.	54625 : 89 à 0,01 près.	**8.**	53 : 8647

QUARANTE-DEUXIÈME LEÇON.

USAGES DE LA DIVISION.

67. — On résout par la division les problèmes où il s'agit :

De rendre un nombre quelconque un certain nombre de fois plus petit ; de le partager en portions égales, ou de savoir combien de fois il en contient un autre ;

De déterminer le prix ou la valeur d'un objet lorsqu'on connaît le prix ou la valeur de plusieurs objets de la même espèce;

De déterminer le nombre d'objets, lorsqu'on connaît la valeur de plusieurs de ces objets et la valeur d'un seul.

NOTA. — Le raisonnement fait sur tout problème qui doit être résolu par la division, aboutit à cette conclusion : ***tant de fois moins;*** ou à celle-ci : ***autant de fois tel nombre sera contenu dans tel autre***, ***autant il y a de*** (ce qu'on cherche.) Et c'est le nombre avec lequel on dit : ***tant de fois moins***, ou dont on dit qu'***il sera contenu***, qui doit servir de diviseur.

PROBLÈMES.

1. — Quel est le nombre 15 fois plus petit que 30? Rép. 2.

SOLUTION. — Ce nombre vaut 15 *fois moins* que 30, ou $\frac{30}{15} = 2$.

2. — 32 mètres de drap coûtent 384 fr. Quel est le prix du mètre? Rép. 12 fr.

SOLUTION. — Puisque 32 mètres coûtent 384 fr., un mètre coûte 32 *fois moins* ou $\frac{384}{32} = 12$ fr.

3. — Un individu a dépensé 1825 fr. dans un an. Combien a-t-il dépensé par jour? Rép. 5 fr.

SOLUTION. Puisqu'il a dépensé 1825 fr. dans un an ou 365 jours, dans un jour il a dépensé 365 *fois moins*, ou $\frac{1825}{3265} = 5$ fr.

4. — Combien de chapeaux à 6 fr. aura-t-on pour 480 fr.? Rép. 80.

SOLUTION. — Puisque 6 fr. représentent un chapeau, *autant de fois* 6 fr. *seront contenus dans* 480, *autant on aura de chapeaux*, d'où $\frac{480}{6} = 80$.

Vous voyez par ces exemples que, dans la division, les deux facteurs peuvent être aussi bien de la même espèce que d'espèce différente.

L'élève donnera la solution raisonnée des problèmes suivants :

1. On a payé 18 fr. pour 24 carreaux : à combien revient chaque carreau

2. Combien a gagné un ouvrier si 38 ont gagné 524 f. 55 c.?

3. J'ai acheté pour 7 fr. 20 de papier à raison de 0 fr. 30 c. la main : combien de mains ai-je achetées ?

4. Combien y a-t-il d'années dans 8354 jours ?... dans 14,580 jours ?... dans 96 mois ?... dans 132 mois ?

5. Combien y a-t-il de mois dans 3,450 jours... ? dans 825 jours ?... dans 1,345 jours ?...

6. Un cheval transporte à chaque voyage 130 kilogrammes de bois : dans combien de voyages aura-t-il transporté 2,860 kilogrammes ?

QUARANTE-TROISIÈME LEÇON.

L'élève donnera la solution raisonnée des problèmes suivants :

1. Une somme de 4,795 fr. est formée de 959 fois la même pièce d'argent : quelle est la valeur de cette pièce ?

2. Un ouvrier a gagné 184 fr. en 46 jours : combien a-t-il gagné par jour ?

3. Le kilogramme de tabac coûte 8 fr. : combien de kilogrammes aura-t-on pour 720 fr. ?

4. Une batterie tire 94 coups à l'heure : combien d'heures lui faudra-t-il pour tirer 2,350 coups ?

5. Une personne a 1,095 fr. de revenu annuel : combien peut-elle dépenser par jour ?

6. Un courrier doit faire 1,664 kilomètres en 26 jours : combien doit-il en faire par jour ?

7. 7 mètres 29 de drap ont coûté 78 fr. 40 : à combien revient le mètre ?

QUARANTE-QUATRIÈME LEÇON.

L'élève donnera la solution raisonnée des problèmes suivants :

1. Un ouvrier a gagné 1,02[illegible] fr. 50 en un an: combien a-t-il travaillé de jours, sachant qu'il gagnait 3 fr. 75 par jour ?

2. Combien de cahiers de 9 feuilles peut-on faire avec 5 rames de papier ?

3. Un individu a dépensé 480 fr. en 67 jours ; les 35 premiers il a dépensé 215 fr. 45 c. : combien a-t-il dépensé chacun des 32 autres jours ?

4. J'ai acheté 37 mètres de drap pour 375 fr. Si je veux gagner 80 fr. en tout, combien dois-je revendre le mètre ?

5. Un individu a 2,625 fr. de rente annuelle. En supposant qu'il économise 800 fr. par an, combien dépense-t-il par jour ?

6. Quatre frères doivent se partager une succession de 37,750 fr. Le premier a droit au 5e de cette somme, le deuxième au quart du reste, et le troisième au tiers du reste : quelle est la part de chacun ?

7. Un volume contient 360,000 lettres : on demande combien il a de pages si chacune a 30 lignes et chaque ligne 40 lettres ?

QUARANTE-CINQUIÈME LEÇON.

L'élève donnera la solution raisonnée des problèmes suivants :

1. Un sac contient 480 fr. en pièces de 10 fr. et de 5 fr.; s'il y en a 15 de 10 fr., combien y en a-t-il de 5 ?

2. Un individu a gagné 136 fr. 80 dans un mois : combien a-t-il dépensé par jour, s'il a fait sur cette somme une économie de 48 fr. ?

3. 360 bouteilles de Rancio de Collioure ont coûté 576 fr., et 215 bouteilles de Muscat de Rivesaltes ont coûté 301 fr. : combien la bouteille de Rancio coûte-t-elle de plus que la bouteille de Muscat ?

4. Un marchand qui devait 1,500 fr., a donné en paiement 75 mètres de drap, à 17 fr. 50 le mètre : que doit-il encore ?

5. Un ouvrier gagne 4 fr. 75 par jour, et dépense 2 fr. 40 : dans combien de jours aura-t-il assez mis de côté pour acquitter une dette de 183 fr. 30 ?

6. 36,845 fr. doivent être partagés à 180 personnes ; 25 d'entre elles auront 243 fr. 65 chacune; 56 auront 314 fr. chacune : combien aura chacune des autres ?

QUARANTE-SIXIÈME LEÇON.

PROBLÈMES DIVERS.

L'élève rédigera avec les nombres suivants des énoncés de problèmes qui doivent être résolus par les opérations indiquées entre parenthèses, et il les résoudra.

1. 544 chênes, 424 sapins. (*Addition.*)

2. 72 élèves, 175 élèves. (*Soustraction.*)

3. 45 francs, un an. (*Multiplication.*)

4. 305 tonneaux, 69540 litres. (*Division.*)

5. 48 mètres, 15 francs, 480 francs. (*Multiplication* et *Soustraction.*)

6. 58 kilogrammes de sucre, 92 fr. 80... 11 fr. 60(*Addition* et *Division.*)

QUARANTE-SEPTIÈME LEÇON.

L'élève complètera les énoncés des problèmes suivants, de manière qu'ils doivent se résoudre par les opérations indiquées entre parenthèses, et il les résoudra.

1. Louis XIV naquit en 1638 et vécut 77 ans...? (*Addition.*)

2. Paul et Louis doivent se partager 16000 fr. Quelle sera la part de Louis.... ? (*Soustraction.*)

3. Combien de quintaux de bois brûleront 58 feux..... ? (*Multiplication.*)

4. Un négociant a acheté pour 366 fr. de mouchoirs : combien en a-t-il acheté..... ? (*Division.*)

5. Le kilogramme de sucre coûte 1 fr. 80...? (*Multiplication.*)

6. Une marchandise a coûté 3250 francs ; on l'a revendue 4050 fr.....? (*Soustraction.*)

7. Un ouvrage contient 16200 lignes, et chaque page de cet ouvrage 36 lignes..... ? (*Division.*)

8. Un vaisseau a 48160 rations ; on en consomme 860 par jour..... ? (*Division.*)

9. Combien dépense un rentier par an..... ? (*Multiplication.*)

10. Paul a perdu 35 billes ; combien en avait-il....? (*Addition.*)

QUARANTE-HUITIÈME LEÇON.

L'élève indiquera les questions qu'on peut résoudre au moyen des données suivantes, et il les résoudra.

1. J'ai acheté 72 chapeaux à 8 fr. 55 ; je donne en paiement 52 mètres 75 de drap à 9 fr. 50 le mètre.....?

2. Un voyageur doit parcourir 480 kilomètres en 8 jours.....?

3. La population d'une ville, qui était en 1844 de 42625 habitants, a augmenté depuis lors de 2456..... ?

4. Un négociant a vendu dans l'année, 245 pièces de drap de 35 mètres chacune, à raison de 11 fr. 35 le mètre.....?

5. Un ouvrage est composé de 6 volumes ; chaque volume de 560 pages, et chaque page de 42 lignes.....?

6. On a payé 5566 fr. 25 les lits de fer d'un établissement, à raison de 18 fr. 25 chacun..... ?

7. Un ouvrier gagne par mois 135 fr.; il dépense 40 fr. pour sa nourriture, 10 fr. pour son logement et 20 fr. pour son entretien.....?

8. 450 hommes se sont partagé une somme ; 35 d'entre eux ont eu 85 fr. 75 chacun ; 112 ont eu 8750 fr. ensemble, et les autres 72 fr. chacun..... ?

QUARANTE-NEUVIÈME LEÇON.

QUESTIONNAIRE.

L'élève résoudra oralement les questions suivantes :

1. Qu'est-ce que l'Arithmétique ?

2. Comment se forment les nombres ?

3. Quelles sont, du moins au plus, les différentes espèces d'unités pour les nombres entiers ?

4. Que représentent, dans un nombre écrit, le 1er, le 2e, le 3e chiffre vers la droite ?

5. Comment énonce-t-on un nombre quelconque ?

6. Comment représente-t-on les nombres au moyen des chiffres ?

7. A quoi sert le zéro ?

8. Qu'appelez-vous décimales ?

9. Quelles sont, du plus au moins, les différentes espèces d'unités pour les nombres décimaux ?

10. Comment énonce-t-on un nombre décimal ?

11. Comment l'écrit-on ?

12. Quels noms particuliers prennent les dixièmes, les centièmes, les millièmes, lorsque les unités simples représentent des francs, des mètres ou des kilogrammes ?

13. Quel changement fait-on à un nombre entier en ajoutant ou en supprimant des zéros à sa gauche ?

14. Quel changement fait-on à un nombre décimal en ajoutant ou en supprimant des zéros à sa droite ?

PROBLÈMES.

15. Quel changement fait-on à un nombre entier en supprimant ou en ajoutant des zéros à sa droite ?

16. Quel changement fait-on à un nombre décimal en ajoutant ou en supprimant des zéros à sa gauche ?

CINQUANTIÈME LEÇON.

L'élève répondra oralement aux questions suivantes :

1. Qu'est-ce que l'addition ?

2. Comment se fait-elle ?

3. Preuve de l'addition ?

4. A quoi sert l'addition ?

5. De quelle nature doivent être les quantités à additionner ?

6. Qu'est-ce que la soustraction ?

7. Comment se fait-elle ?

8. Preuve de la soustraction.

9. Que fait-on lorsque le chiffre inférieur est plus grand que son correspondant ?

10. Que fait-on lorsqu'il se trouve des chiffres sans correspondant ?

11. A quoi sert la soustraction ?

12. De quelle nature doivent être les quantités à retrancher ?

PROBLÈMES.

13. Quel changement fait-on à la *somme* si on augmente ou si on diminue une des quantités à additionner ?

14. Quel changement fait-on au *reste*, si on augmente ou si on diminue le *grand* nombre ?

15. Quel changement fait-on au reste, si on augmente ou si on diminue le *petit* nombre ?

16. Si nous retranchions le reste du grand nombre, que trouverions-nous ?

CINQUANTE ET-UNIÈME LEÇON.

L'élève répondra oralement aux questions suivantes :

1. Qu'est-ce que la multiplication ?

2. Quel est le nom commun au multiplicande et au multiplicateur ?

3. Multiplication d'un nombre d'un seul chiffre par un nombre d'un seul chiffre.

4. Règle pour multiplier un nombre quelconque par un nombre d'un seul chiffre.

5. Règle pour multiplier un nombre quelconque par un autre nombre quelconque.

6. Que faut-il faire si, dans le multiplicateur, il se trouve des zéros entre d'autres chiffres ?

7. Que faut-il faire si l'un des facteurs ou tous les deux sont terminés par des zéros ?

8. Preuve de la multiplication.

9. Comment se fait la multiplication des décimales ?

10. A quoi sert la multiplication ?

11. De quelle nature sont les quantités à multiplier ?

12. Divisions de l'année civile et commerciale.

PROBLÈMES.

13. La multiplication ne pourrait-elle pas être remplacée par l'addition ?

14. Pourrait-on commencer la multiplication par un chiffre quelconque du multiplicateur ?

15. Que suffirait-il de faire pour multiplier un nombre entier par 10, par 100, par 1,000 ?

CINQUANTE-DEUXIÈME LEÇON.

L'élève répondra oralement aux questions suivantes :

1. Qu'est-ce que la division ?

2. Division d'un nombre quelconque par un nombre d'un seul chiffre.

3. Règle pour diviser un nombre quelconque par un autre nombre quelconque.

4. Combien de chiffres doit-il y avoir au quotient et comment s'assure-t-on qu'ils ne sont ni trop forts ni trop faibles ?

5. Preuve de la division.

6. Comment divise-t-on un nombre à une fraction décimale près ?

7. Comment se fait la division des décimales ?

8. Règle de la division lorsque le dividende est plus petit que le diviseur ?

9. A quoi sert la division ?

10. Conclusions du raisonnement de tout problème qui doit être résolu par la division ?

PROBLÈMES.

11. Quel changement fait-on au quotient si on augmente ou si on diminue le dividende ?

12. Quel changement fait-on au quotient si on augmente ou si on diminue le diviseur ?

13. Que suffirait-il de faire pour diviser un nombre entier par 10, par 100, par 1,000 ?

SYSTÈME MÉTRIQUE.

CINQUANTE-TROISIÈME LEÇON.

68. — Le *Système métrique,* ainsi appelé parce qu'il a pour base une unité nommée *mètre,* est le système actuel des poids et mesures.

69. — On distingue huit espèces d'unités de mesures, savoir :

Le *Mètre,* pour les longueurs ou lignes ;
Le *Mètre carré,* pour les surfaces ou superficies ;
L'*Are,* pour les mesures agraires ;
Le *Mètre cube,* pour les solides ou volumes ;

Le *Stère*, pour les bois de chauffage ;
Le *Litre*, pour les mesures de capacité ;
Le *Gramme*, pour les poids ;
Le *Franc*, pour les monnaies.

70. — Le calcul s'effectue suivant les règles de la numération ordinaire ; mais au lieu de dire :

Au lieu de dire		Dites
Dizaine.......	dites.	DÉCA.
Centaine......		HECTO.
Mille.........		KILO.
Dizaine de mille		MYRIA.
Dixième......		DÉCI.
Centième....		CENTI.
Millième......		MILLI.

Mots que l'on place devant le nom représentant l'unité.

Les quatre premiers s'appellent *multiples ;* les trois derniers, *sous-multiples* ou décimales.

AINSI :

Au lieu de dire :		dites :
Dix mètres........		Un décamètre.
Mille grammes.....		Un kilogramme.
Cent litres.........		Un hectolitre.
Un millième de litre		Un millimètre.
Un centième d'are.		Un centiare.
Dix stères.........		Un décastère.
Dix mille grammes.		Un myriagramme.
Mille mètres		Un kilomètre.
Un dixième de litre.		Un décilitre.
Cent ares.		Un hecto-are, et par contraction un hectare

71. — REMARQUES. 1° L'are n'a qu'un multiple, l'*Hectare*, et un sous-multiple, le *Centiare*. D'où l'hectare vaut cent ares, et l'are cent centiares.

2° Le stère n'a qu'un multiple, le *Décastère*, et un sous-multiple, le *Décistère*.

3° On ne dit pas un *myrialitre*, au lieu de dix mille litres, ni un *millilitre*, au lieu d'un millième de litre.

4° Les francs ne se lient à aucun des mots multiples ni sous-multiples. On les compte au moyen des mots ordinaires. Ainsi, dites : *dix francs, cent francs*, et non pas un *déca franc,* un *hecto franc.* Ne dites pas non plus : un *déci franc,* un *centi franc,* mais un *décime,* un *centime.*

5° Cent kilogrammes s'appellent aussi *Quintal métrique,* et mille kilogrammes, un *tonneau de mer.*

I. — *L'élève énoncera les nombres suivants :*

(*m.* signifie mètres ; *l.* litres ; *g.* grammes ; *a.* ares ; *st.* stères.)

1. 317^{m},072... 3^{m},4526... 2^{m},407... 0^{m},05... 0^{m},3.

2. 231^{l},15... 17^{l},06... 0^{l},9... 27^{l},16... 0^{l},28... 0^{l},07.

3. 8602^{g},05... 7^{g},523... 0^{g},067... 2^{g},09... 15^{g}34.

4. 542^{a},92. . 16^{a},07... 9^{a},43... 3715^{a},40... 65^{a},70.

5. 671st... 12st,4... 0st,8... 264st,3... 9st,9... 0st, 6.

II. — *L'élève écrira les nombres suivants en chiffres.*

6. Cent huit mètres, neuf centimètres... deux mètres, vingt-six millimètres... seize décamètres... quatre décimètres... cinq mètres, quatre-vingt-six dix-millimètres.

7. Cent six litres, neuf centilitres... trois hectolitres, dix-sept litres... sept litres, cinq décilitres... douze litres... deux centilitres... neuf décalitres, sept décilitres.

8. Treize grammes, douze milligrammes... huit grammes, sept centigrammes... trois kilogrammes, seize milligrammes... dix-sept centigrammes... quatre décigrammes.

9. Quinze hectares, dix-huit ares, vingt-cinq centiares... cinquante hectares, sept centiares... trente-six ares, trois centiares... onze cents ares... soixante-quatre centiares.

10. Quarante-deux stères, six décistères... seize décastères... trente-six décastères, trois décistères... neuf décistères... onze stères, quatre décistères... quinze décastères.

III.—*L'élève énoncera et écrira les nombres suivants par groupes d'hectares, d'ares et de centiares.*

3,467 ares. | 482,637 centiares. | 1,853 centiares. | 68 ares. | 36,547 centiares. | 452 hectares. | 6,832 ares. | 127 centiares. |

845,732 ares. | 5,246,217 centiares. | 4,723,603 centiares. | 15,732 ares. | 573 centiares. | 42,678 ares. | 534,628 centiares. |

MODÈLE DE CE DERNIER EXERCICE :

hectares.	ares.	centiares.
34	67	»
48	26	37
»	18	53
etc.	etc.	etc.

CINQUANTE-QUATRIÈME LEÇON.

72. — Dans les mesures de superficie, une unité d'un ordre quelconque en vaut 100 de l'ordre immédiatement inférieur. Ainsi *un mètre carré* vaut, *cent décimètres carrés*; un *hectomètre carré* vaut *cent décamètres carrés*. Il suit de là que la partie décimale des mètres carrés devra contenir 2, 4, 6, 8, etc. chiffres, c'est-à-dire un nombre *pair*; et que chaque ordre d'unités sera représenté par deux chiffres.

Ainsi 37m4034 s'énoncera 37 mètres carrés 4034 centimètres.... 6m8 s'énoncera six mètres carrés quatre-vingts décimètres....0m037 s'énoncera trois cent soixante-dix centimètres carrés.

L'élève remplacera chaque tiret par les mots ou les chiffres convenables. Il indiquera les mètres carrés par m².

1. Pour représenter des centimètres carrés, il faut — chiffres à droite de la virgule ; pour des décimètres, il en faut — ; pour des millimètres, il en faut —.

2. Le 3e chiffre décimal d'un nombre dont la partie entière exprime des mètres carrés, représente des — ; le 6e, des — ; le 4e, des — ; le 2e, des — ; le 5e, des — ; le 1er, des —.

3. Le 5e chiffre à gauche, à partir des unités de mètre carré, représente des — ; le 3e, des — ; le 6e, des — ; le 2e, des — ; le 8e, des — ; le 4e, des — ; le 7e, des —.

4. 64^{m2},7,536, s'écrivent en lettres —; 4.722^{m2},48, s'écrivent — ; 0^{m2},725, s'écrivent —; 126^{m2},7, s'écrivent —; 4^{m2},57, s'écrivent — ; 18^{m2},3, s'écrivent — ; 0^{m2},004, s'écrivent —.

5. Huit mètres carrés, vingt-deux centimètres, s'écrivent en chiffres — ; cent huit mètres carrés, neuf décimètres —; deux mètres carrés, trois cent quinze centimètres —; douze mètres carrés, deux décimètres, sept centimètres —; seize décamètres carrés, trois mètres — ; six cent sept mètres carrés, treize décimètres —.

CINQUANTE-CINQUIÈME LEÇON.

73. — Dans les mesures de solidité, une unité d'un ordre quelconque en vaut 1000 de l'ordre immédiatement inférieur. Ainsi *un mètre cube* vaut *mille décimètres cubes ; un centimètre cube* vaut *mille millimètres cubes*. Il suit de là que la partie décimale des mètres cubes devra contenir 3, 6, 9, 12, etc. chiffres, c'est-à-dire un nombre *ternaire*; et que chaque ordre d'unités sera représenté par *trois* chiffres. Ainsi $4^{m3}235$ s'énoncera 4 mètres cubes 235 décimètres; $3^{m3}2762$ s'énoncera 3 mètres cubes 276200 centimètres; $0^{m3}06$ s'énoncera 060 ou 60 décimètres cubes.

L'élève remplacera chaque tiret par les mots ou les chiffres convenables. Il indiquera les mètres cubes par ^{m3}.

1. Pour représenter des centimètres cubes, il faut — chiffres à droite de la virgule; pour des décimètres, il en faut —; pour des millimètres, il en faut —.

2. Le 3e chiffre décimal d'un nombre, dont la partie entière exprime des mètres cubes, représente des — ; le 5e des —;

le 9e, des — ; le 2e, des —; le 6e, des — ; le 8e, des —; le 1er, des — ; le 7e, des — ; le 4e, des —.

3. Le 12e chiffre à gauche, à partir des unités de mètre cube, représente des —; le 6e, des —; le 4e, des — ; le 8e, des —; le 3e, des — ; le 11e, des — ; le 2e, des — ; le 9e, des —; le 5e, des — ; le 10e, des —; le 7e, des —.

4. 64m3,7536, s'écrivent en lettres — ; 4m3,216, s'écrivent — ; 3m3,25, s'écrivent — ; 126m3,003256, s'écrivent—; 0m3,7, s'écrivent — ; 12m3,56347, s'écrivent —; 6m3,36205472, s'écrivent—.

5. Huit mètres cubes, vingt-deux centimètres s'écrivent en chiffres —; cent huit mètres cubes, neuf décimètres —; deux mètres cubes, trois mille cinq cent douze centimètres —; sept mètres cubes, douze décimètres — ; treize décamètres, onze mètres —; quatorze hectomètres cubes, neuf cent trois décamètres —.

CINQUANTE-SIXIÈME LEÇON.

74. — Le *mètre* est *la dix-millionième partie du quart du méridien terrestre*, c'est-à-dire *la quarante millionième partie du tour de la terre.*

75. — Toutes les unités de mesure dérivent du mètre. En effet :

Le *Mètre carré* est un carré qui a *un mètre* de côté;

L'*Are* est *un décamètre* carré;

Le *Mètre cube* est un cube dont les côtés ont chacun *un mètre*;

Le *Stère* équivaut à *un mètre* cube;

Le *Litre* est la capacité *d'un décimètre* cube;

Le *Gramme* est le poids *d'un centimètre* cube d'eau distillée ramenée à son maximum de densité, c'est-à-dire au degré où elle occupe le moins d'espace;

Le *Franc* est une pièce de monnaie contenant neuf dixièmes d'argent et un dixième d'alliage, et *pesant cinq grammes*.

USAGES DES DIFFÉRENTES MESURES.

76. — Le *mètre* sert à mesurer les étoffes, la hauteur d'une maison, la largeur d'un appartement, la profondeur d'un puits, la longueur d'une allée, d'une route, la taille d'un homme, d'un cheval, etc., etc.; en un mot; l'étendue considérée comme *ligne*.

Lorsqu'on mesure une route, on prend ordinairement le kilomètre pour unité, c'est-à-dire que l'on compte par kilomètres au lieu de compter par mètres. Cette mesure est dite alors *itinéraire*.

77. — Le *mètre carré* sert à mesurer les *surfaces*, comme celle d'un mur, d'une porte, d'une cour, d'un plancher, d'une toiture, d'une tapisserie, etc., etc. Lorsqu'on mesure la surface ou superficie d'une contrée, d'un département, d'une province, ou d'un canton, on prend ordinairement le myriamètre carré pour *unité*, et quelquefois le kilomètre carré. Cette mesure est dite alors *topographique*.

78. — L'*Are* sert à mesurer la superficie des propriétés foncières, comme celle des champs, des prés, des vignes, etc.

79. — Le *Mètre cube* sert a évaluer le *volume* des travaux de terrassement et de maçonnerie, des bois de construction et de charpente, des blocs de pierre et de marbre, etc., etc.

80. — Le *Stère* sert à mesurer les bois de chauffage.

81. — Le *Litre* sert à mesurer les *liquides*, comme l'eau, le vin, l'alcool, la bière, l'huile, etc.; et les *matières sèches*, comme le blé, l'orge, les haricots, les noisettes, etc.

82. — Le *Gramme* sert à déterminer le *poids* des corps.

83. — Le *Franc* sert à évaluer le prix ou la valeur des choses.

CINQUANTE-SEPTIÈME LEÇON.

L'élève donnera la solution raisonnée des problèmes suivants:

1. Combien coûteront 1658 litres de vin à 26 fr. l'hectolitre, et combien gagnera-t-on en le revendant 0 fr. 32 le litre?

2. 36 tonneaux contiennent 1458 hectolitres de vin; la moitié d'entre eux contiennent 5675 litres chacun : quelle est la capacité des autres ?

3. J'ai acheté 6480 kilogrammes de sucre, savoir: la moitié à 1,57 le kilogramme; le tiers du reste à 1 fr. 63, et le reste à 1 fr. 53. Si je le revends à 1 fr. 65 le kilogramme, combien gagnerai-je ?

4. Combien pèsent 352 pièces de 5 fr., et 634 pièces de 2 fr.?

5. Un domaine est composé de 148 parcelles de terre, 37 d'entre elles ont une contenance de 4 hectares 72 ares chacune ; 46 ont 8476 ares ensemble, et les autres 3 hectares 14 ares chacune : quelle est la contenance de ce domaine ?

6. Un marchand a acheté 356 stères de bois pour 4,272 fr.; il en a revendu le quart à 14 fr. 63 le stère, et le reste à 15 fr. : combien a-t-il gagné ?

CINQUANTE-HUITIÈME LEÇON.

QUESTIONNAIRE.

L'élève répondra oralement aux questions suivantes:

1. Qu'est-ce que le système métrique ?

2. Combien distinguez-vous d'espèces d'unités de mesure?

3. Définissez-les.

4. Quels sont les multiples et les sous-multiples du mètre?

5. Quels sont les multiples et les sous-multiples du mètre carré?

6. Quels sont les multiples et les sous-multiples de l'are?

7. Quels sont les multiples et les sous-multiples du mètre cube?

8. Quels sont les multiples et les sous-multiples du stère?

9. Quels sont les multiples et les sous-multiples du litre?

10. Quels sont les multiples et les sous-multiples du gramme?

11. Quels sont les multiples et les sous-multiples du franc?

12. Quels sont les usages des huit espèces de mesure?

13. Quelle est la numération dans les mesures de superficie?

14. Quelle est la numération dans les mesures de solidité?

15. Qu'est-ce qu'un quintal métrique?... un tonneau de mer?

PROBLÈMES.

16. Quelle différence y a-t-il entre le décimètre carré et le dixième du mètre carré?

17. Quelle différence y a-t-il entre le décimètre cube et le dixième du mètre cube?

18. Combien pèse un litre d'eau distillée, ramenée à son maximum de densité.

FIN DE LA PETITE ARITHMÉTIQUE ENSEIGNÉE.

Paris. — Typ. Morris et Comp., rue Amelot, 64.

TABLE DES MATIÈRES.

FIN DE LA TABLE.

www.ingramcontent.com/pod-product-compliance
Lightning Source LLC
LaVergne TN
LVHW020037170826
845678LV00001B/288

9782329695594